国家能源集团火电工程通用造价指标

（2024年水平）

国家能源集团技术经济研究院　编著

中国发展出版社
CHINA DEVELOPMENT PRESS

图书在版编目（CIP）数据

国家能源集团火电工程通用造价指标：2024 年水平 / 国家能源集团技术经济研究院编著. -- 北京：中国发展出版社，2025. 6. -- ISBN 978-7-5177-1466-8

Ⅰ. TM621

中国国家版本馆 CIP 数据核字第 20254719XX 号

书　　名：国家能源集团火电工程通用造价指标（2024年水平）
著作责任者：国家能源集团技术经济研究院
责 任 编 辑：耿瑞蝶
出 版 发 行：中国发展出版社
联 系 地 址：北京经济技术开发区荣华中路22号亦城财富中心1号楼8层（100176）
标 准 书 号：ISBN 978-7-5177-1466-8
经　销　者：各地新华书店
印　刷　者：北京富资园科技发展有限公司
开　　本：787mm × 1092mm　1/16
印　　张：12.75
字　　数：300千字
版　　次：2025 年 6 月第 1 版
印　　次：2025 年 6 月第 1 次印刷
定　　价：78.00元
联 系 电 话：（010）68990635　68990625
购 书 热 线：（010）68990682　68990686
网 络 订 购：http://zgfzcbs. tmall. com
网 购 电 话：（010）88333349　68990639
本 社 网 址：http://www.develpress. com
电 子 邮 件：17398950869@163.com

《国家能源集团火电工程通用造价指标》（2024年水平）

编委会

前 言

国家能源投资集团有限责任公司（以下简称集团公司）为加强电力建设工程造价管理，有效管控工程投资，控制建设成本，提高投资收益，提升项目价值创造能力，打造“工期短、造价低、质量优、效益好”的精品工程，促进集团公司电力产业高质量发展，组织编制了《国家能源集团火电工程通用造价指标（2024年水平）》（以下简称通用造价指标）。

本通用造价指标以行业及集团公司内已实施的优质火电工程为基础，按照方案典型、标准统一、模块全面、造价合理、使用灵活等原则，综合考虑行业整体水平和同时期、同类型机组工程及设备招标情况等因素编制，以期为集团公司及各子分公司火电工程前期规划、立项决策、投资决策、全过程造价管控及对标管理提供支撑。

目　录

1 范围

本通用造价指标基本方案适用范围按机组容量及燃料方式包括：

（1）350MW 燃煤机组：350MW 超临界烟煤供热湿冷机组。

（2）660MW 燃煤机组：660MW 超超临界烟煤湿冷机组。

（3）1000MW 燃煤机组：1000MW 超超临界烟煤湿冷机组。

（4）9F 级燃气机组：机型采用一拖一单轴供热机组。

（5）9H 级燃气机组：机型采用一拖一多轴供热机组。

2 规范性引用文件

下列文件中的条款通过本通用造价指标的引用而成为本指标的条款，凡是注日期的引用文件，其随后所有的修改单（不包括勘误的内容）或修订版均不适用于本指标，凡是不注日期的引用文件，其最新版本适用于本指标。

《火力发电厂初步设计文件内容深度规定》（DL/T 5427—2009）；

《大中型火力发电厂设计规程》（DL/T 50660—2011）；

《电力建设工程定额和费用计算规定（2018 年版）》；

《燃煤发电工程建设预算项目划分导则》（DL/T 5470—2021）；

《燃气－蒸汽联合循环发电工程建设预算项目划分导则》（DL/T 5473—2023）；

《火力发电工程初步设计概算编制导则》（DL/T 5467—2021）；

《国家能源集团电力产业新（改、扩）建项目技术原则》（2023 年版）；

《国家能源集团新建煤电机组智能化建设项目及功能应用规范》；

《国家能源集团电力产业建设“两高一低”工程指导意见》；

《国家能源集团新建煤电项目基于容量电价机制的设计指导意见》。

3 编制总说明

3.1 编制思路

（1）本通用造价指标依托已实施工程进行编制，选取国家能源集团或行业造价水平优秀的工程作为参考。

（2）本通用造价指标主要工程量以拟定的主要技术条件为基础，并综合其他优秀工程及国家能源集团典型工程设计方案确定，体现国家能源集团优化设计。

（3）本通用造价指标主要设备材料价格以国家能源集团及行业近期招标的设备材料采购价格为基础，并参考行业参考造价指标修正，符合市场价格水平。

3.2 编制原则

（1）通用造价指标体现方案典型、标准统一、模块全面、造价合理、使用灵活等原则，适用于国家能源集团火电工程的设计优化及造价控制。

（2）技术条件和主要工程量的确定体现当前的主流设计思想和先进技术，符合国家能源集团技术原则和典型设计的相关原则。

（3）通用造价指标按照 350MW 燃煤机组、660MW 燃煤机组、1000MW 燃煤机组、9F 级燃气机组、9H 级燃气机组分别进行编制。

（4）若遇国家产业政策、规程规范、国家能源集团设计原则及基建方针有重大调整，可对通用造价指标的技术条件、模块调整方案等内容作相应调整；在技术条件没有重大调整时，通用造价指标将根据主要设备材料价格及工程量的变化情况定期修编。

（5）通用造价指标要体现简洁实用的原则，通过对主要外部条件、技术条件、设备材料价格、建安工程量的对比，可以找出对标工程的主要差异项及原因。

3.3 主要内容

通用造价指标由编制说明、主要造价指标、主要价格、主要参考工程量、基本技术组合方案、调整模块和附录等内容组成。

（1）编制说明包括编制依据、编制原则、编制范围、基本技术组合方案、调整指标及模块有关说明。

（2）主要造价指标：

①参考静态单位造价指标；

②各类费用占静态投资的比例；

③其他费用汇总。

（3）主要价格：

①主要设备价格；

②主要装置性材料价格；

③建筑材料及征租地价格。

（4）主要参考工程量：

①主要安装参考工程量；

②主要建筑参考工程量；

③用地参考工程量。

（5）基本技术组合方案：各系统基本技术方案描述。

（6）模块方案：主要模块技术条件描述及投资差异。

（7）附录：

①附录 A：2×350MW 机组基本方案概算表；

②附录 B：2×660MW 机组基本方案概算表；

③附录 C：2×1000MW 机组基本方案概算表；

④附录 D：2×800MW 等级燃气机组（9H）基本方案概算表；

⑤附录 E：2×400MW 等级燃气机组（9F）基本方案概算表。

4 燃煤发电工程通用造价指标

4.1 燃煤发电工程通用造价指标编制说明

4.1.1 燃煤发电工程通用造价指标编制依据

（1）《国家计委关于加强对基本建设大中型项目概算中“价差预备费”管理有关问题的通知》（计投资〔1999〕1340号）。

（2）《中电联关于发布2018年版电力建设工程装置性材料预算价格与综合预算价格的通知》（中电联定额〔2020〕44号）。

（3）《电力工程造价与定额管理总站关于发布2018年版电力建设工程概预算定额价格水平调整办法的通知》（定额〔2020〕9号）。

（4）《火电工程限额设计参考造价指标》（2023年水平）。

（5）《国家能源集团电力产业新（改、扩）建项目技术原则》（2023年版）、《国家能源集团新建煤电机组智能化建设项目及功能应用规范》、《国家能源集团电力工程附属建筑物建设规模标准》、《火电工程辅助及附属建筑物建设规模标准》（征求意见稿）、《国家能源集团新建煤电项目基于容量电价机制的设计指导意见》等相关标准及文件。

4.1.2 燃煤发电工程通用造价指标编制原则

（1）静态投资水平为2024年。

（2）主要设备价格以国家能源集团近期项目招标合同价格为基础，综合考虑建设预算编制基准期电力行业定额（造价）管理机构发布的信息价格，同时参照《火电工程限额设计参考造价指标》（2023 年水平）和同时期、同类型机组设备招标情况作了部分修正。

（3）主要建安工程量以国家能源集团已建投产工程施工图工程量及类似典型工程初设概算参考工程量为基础。

（4）人工工资、定额材料机械价格按《电力建设工程概算定额（2018 年版）》计取，价差调整执行《电力工程造价与定额管理总站关于发布 2018 版电力建设工程概预算定额 2023 年度价格水平调整的通知》（定额〔2024〕1 号）中北京地区相关调整系数，只计取税金，列入编制年价差。

（5）建筑工程材料价格按照《电力工程造价与定额管理总站关于发布 2018 年版电力建设工程概预算定额价格水平调整办法的通知》（定额〔2020〕9 号）规定的原则计算，并根据实物量定额单价与北京市 2024 年 4 月的信息价比较计算材料价差。

（6）安装工程材料价格执行中国电力企业联合会文件《中电联关于发布 2018 年版电力建设工程装置性材料预算价格与综合预算价格的通知》（定额〔2020〕44 号）中的《电力建设工程装置性材料综合预算价格（2018 年版）》，安装工程主要材料价格按《电力工程造价与定额管理总站关于发布 2023 年电力建设工程装置性材料综合信息价的通知》（定额〔2024〕19 号）和《2023 年发电工程装置性材料综合信息价》的价格计取材料价差。

（7）国产机组造价内已含少量必要的进口设备、材料费用，进口汇率按 1 美元 =7.2663 元人民币，其相应的进口费用已计入设备材料费中，其中的关税按《中华人民共和国进出口关税条例》中的优惠税率计。

（8）本指标价格只计算到静态投资，基本预备费费率为 3%。

4.1.3 燃煤发电工程通用造价指标编制范围

燃煤发电工程通用造价指标编制范围包括厂区围墙范围内所有工艺生产系统及围墙外的厂外铁路、码头、厂外补给水系统、灰场工程等工程费用，建设场地征（租）地费、勘察设计费、监理费等其他费用。

4.1.4 燃煤发电工程基本技术组合方案说明

考虑到国家能源集团近期建设工程及当前国内的主流设计方案，350MW、660MW 和 1000MW 燃煤机组通用造价指标采取的主要基础技术组合方案见表 1。

表 1 主要基础技术组合方案

序号	项目名称	方案说明
一、350MW 机组		
1	主机	350MW 超临界烟煤一次再热机组
2	主厂房布置及结构形式	三列式前煤仓布置，钢筋混凝土结构
3	煤场形式	条形封闭煤场
4	循环水供水方式	带常规自然通风冷却塔的二次循环
5	配电装置	220kV 屋外 GIS
6	智慧电厂	按基础方案配置（3000 万元）
7	脱硫、脱硝	同步实施
8	燃料运输方式	燃料采用铁路运输，其中厂外铁路 10km，厂内铁路 3.3km
9	灰场	事故备用灰场，按满足堆灰 1 年考虑
10	地震烈度	抗震设防烈度按 7 度考虑
二、660MW 机组		
11	主机	660MW 超超临界烟煤一次再热机组
12	主厂房布置及结构形式	四列式前煤仓布置，钢筋混凝土结构
13	煤场形式	条形封闭煤场
14	循环水供水方式	带常规自然通风冷却塔的二次循环
15	配电装置	500kV 屋外敞开式
16	智慧电厂	按基础方案配置（3000 万元）
17	脱硫、脱硝	同步实施
18	燃料运输方式	燃料采用铁路运输，其中厂外铁路 12km，厂内铁路 5.5km
19	灰场	山谷干灰场，占地 $33hm^2$，满足堆灰 3 年

续表

序号	项目名称	方案说明
20	地震烈度	抗震设防烈度按 7 度考虑
三、1000MW 机组		
21	主机	1000MW 超超临界烟煤一次再热机组
22	主厂房布置及结构形式	四列式前煤仓布置，钢筋混凝土结构
23	煤场形式	条形封闭煤场
24	循环水供水方式	带常规自然通风冷却塔的二次循环
25	配电装置	500kV 屋外敞开式
26	智慧电厂	按基础方案配置（3000 万元）
27	脱硫、脱硝	同步实施
28	燃料运输方式	燃料采用铁路运输，其中厂外铁路 12km，厂内铁路 5.5km
29	灰场	山谷干灰场，占地 39hm^2，满足堆灰 3 年
30	地震烈度	抗震设防烈度按 7 度考虑

4.1.5 燃煤发电工程调整指标及模块说明

本指标涉及的调整模块方案见表 2。

表 2 燃煤发电工程调整模块方案表

350MW 机组调整模块	660MW 机组调整模块	1000MW 机组调整模块
（1）热力系统：机型及炉型模块； （2）热控系统：智慧电厂模块； （3）附属生产工程：辅助及附属建筑物模块； （4）灰场：灰场模块	（1）热力系统：炉型、机型、主厂房布置模块、供热模块； （2）燃料供应系统：来煤方式模块； （3）水处理系统：锅炉补给水处理系统、循环排污水处理系统模块； （4）供水系统：冷却方式模块； （5）电气系统：升压站模块； （6）热控系统：智慧电厂模块； （7）附属生产工程：辅助及附属建筑物模块； （8）灰场：灰场模块	（1）热力系统：炉型、机型、主厂房布置、烟气余热利用、汽电双驱模块； （2）燃料供应系统：来煤方式、煤场模块； （3）水处理系统：循环排污水处理系统模块； （4）供水系统：冷却方式、冷却塔模块； （5）电气系统：升压站模块； （6）热控系统：智慧电厂模块； （7）附属生产工程：辅助及附属建筑物模块； （8）交通运输工程：运煤方式模块； （9）灰场：灰场模块； （10）脱硫系统：脱硫工艺、脱硫废水处理系统模块

4.2 燃煤发电工程通用造价指标

4.2.1 通用造价指标（表3）

表 3 燃煤发电工程通用造价指标表

单位：元 /kW

机组容量		造价指标	350MW 超超临界 / 660MW 二次再热 / 1000MW 二次再热	直接空冷	间接空冷	750kV 敞开式	750kV GIS
350MW 超临界	两台机组	4482	207				
660MW 超超临界	两台机组	3944	319	96	139	55	78
1000MW 超超临界	两台机组	3509	313	100	149	38	57

4.2.2 各类费用占指标的比例（表4）

表 4 燃煤发电工程各类费用占指标比例表

单位：%

机组容量	建筑工程费用	设备购置费用	安装工程费用	其他费用	合计
350MW 超临界	28.07	40.72	16.74	14.47	100
660MW 超超临界	24.66	44.91	17.97	12.46	100
1000MW 超超临界	24.37	44.92	19.18	11.53	100

4.2.3 其他费用汇总（表5）

表 5 燃煤发电工程其他费用汇总表

单位：万元

序号	费用名称	350MW 超临界	660MW 超超临界	1000MW 超超临界
1	建设场地占用及清理费	8581	12536	15234
2	项目建设管理费	8515	11442	12601
3	项目建设技术服务费	10424	14847	19029
4	整套启动试运费	2566	4157	5783
5	生产准备费	3515	4532	5178
6	大件运输措施费	200	300	700
7	合计	33801	47814	58525

4.3　燃煤发电工程主要价格

4.3.1　主要设备价格

（1）2×350MW 超临界燃煤机组主要设备价格见表 6。

表 6　2×350MW 超临界燃煤机组主要设备价格表

单位：万元

序号	设备名称	单位	价格	备注
1	锅炉（烟煤）	台	17550	1100t/h，超临界，不含点火装置
2	锅炉（烟煤）	台	19000	1100t/h，超超临界，不含点火装置
3	汽轮机	台	7000	超临界，湿冷，四缸四排汽
4	汽轮机	台	9400	超超临界
5	汽轮发电机	台	4100	QFSN–350–2 型，含静态励磁系统
6	中速磨煤机	台	385	超临界烟煤
7	中速磨煤机	台	435	超超临界烟煤
8	送风机（含电动机）	台	109	
9	引风机（含电动机）	套	190	动叶可调轴流式，Q=503820m^3/h，900kW
10	一次风机（含电动机）	台	102	动叶可调轴流式，Q=271440m^3/h，1300kW
11	电除尘器	套	3000	双室五电场，低低温技术
12	布袋除尘器	套	2540	99.95%，出口含尘浓度 <50mg/Nm^3
13	50% 汽动给水泵	台	265	超临界机组，含前置泵
14	50% 给水泵小汽机	台	495	超临界机组，含进口蝶阀、控制仪表
15	50% 汽动给水泵	台	300	超超临界机组，含前置泵
16	50% 给水泵小汽机	台	650	超超临界机组，含进口蝶阀、控制仪表
17	30% 电动给水泵	台	210	427m^3/h、21.6MPa，不含液力耦合器，含前置泵等
18	100% 汽动给水泵	台	610	超临界机组
19	100% 给水泵小汽机	台	675	超临界机组
20	凝汽器	台	2340	钛管，20000m^2
21	凝汽器	台	1100	不锈钢 304，20000m^2
22	凝汽器	台	1270	不锈钢 316，20000m^2

续表

序号	设备名称	单位	价格	备注
23	凝汽器	台	1640	不锈钢 317，20000m^2
24	凝汽器	台	1330	不锈钢 316L，20000m^2
25	凝汽器	台	1740	不锈钢 317L，20000m^2
26	汽机旁路装置	套	220	35%BMCR，超临界机组
27	汽机旁路装置	套	273	35%BMCR，超超临界机组
28	高压加热器	套	750	三级，卧式（含阀门）
29	高压加热器	套	850	四级，卧式（含阀门）
30	低压加热器	套	535	四级，卧式
31	低温省煤器	套	620	一级，450t
32	翻车机	套	1235	C 型单车翻车机，Q=25 节 /h
33	斗轮堆取料机	套	965	1500/1000t/h，臂长 30m，折返式
34	胶带输送机	m	0.85	1400mm
35	胶带输送机	m	0.7	1200mm
36	气力除灰	套 /2 炉	490	输灰、控制、除尘设备等，不含管道、空压机，输送距离约 500m，单台炉除灰系统出力 60t/h，双室五电场电除尘器，（2×16+2×3）个灰斗
37	干式排渣机	套	470	含渣井、关断门、碎渣机、渣仓、控制、斗式提升机，出力：6~20t/h，长度 30m
38	超滤装置	t/h	1.2	含加药装置、进水泵、保安过滤器、反洗水泵、水箱、膜组件、换热器等
39	反渗透装置	t/h	1.5	含加药装置、反洗水泵、升压泵、保安过滤器、水箱、膜组件、换热器等
40	凝结水精处理装置	套 /2 机	1150	
41	循环水泵	套	190	立式斜流泵，设计流量 5m^3/s，电动机功率 1600~2000kW
42	直接空冷设备	10^{4}m^2	40	包括空冷凝汽器、A 型架、隔墙、蒸汽分配管、风机桥架、防护网
43	空冷风机	台	35	直径 9.75m，功率 132kW，含变频器、风机筒、电机、齿轮箱
44	间接空冷设备	10^{4}m^2	41	包括散热器管束、冷却三角框架、支撑件、百叶窗、散热器清洗系统、塔内管道，管束垂直布置
45	主变压器	台	1310	220kV，420MVA

续表

序号	设备名称	单位	价格	备注
46	220kV GIS	间隔	150	断路器间隔，含主母线及分支母线
47	机组分散控制系统	套	400	I/O 点规模为 8000 点
48	启动锅炉	台	450	燃煤炉，20t/h，不含脱硫脱硝
49	启动锅炉	台	300	燃油炉，20t/h

（2）2×660MW 超超临界燃煤机组主要设备价格见表 7。

表 7　2×660MW 超超临界燃煤机组主要设备价格表

单位：万元

序号	设备名称	单位	价格	备注
1	锅炉（烟煤）	台	40500	超超临界，2050t/h，不含点火装置
2	锅炉（烟煤）	台	48500	二次再热
3	锅炉（褐煤）	台	41000	超超临界，2050t/h，29.4MPa（a）/605℃ /623℃，不含节油点火装置
4	汽轮机	台	16500	超超临界，湿冷，四缸四排汽
5	汽轮机	台	23340	二次再热
6	汽轮发电机	台	7500	QFSN-660-2，含静态励磁系统
7	中速磨煤机	台	535	HP1003（减速器关键部件进口）/ MPS212- Ⅱ型 /ZGM113（含密封风机等）
8	送风机（含电动机）	台	192	动叶可调轴流式，Q=971604m^3/h，1600kW
9	引风机（含电动机）	套	320	动叶可调轴流式，Q=2354400m^3/h，8500kW（引风机与增压风机合并）
10	一次风机（含电动机）	台	196	动叶可调轴流式，Q=471600m^3/h，3400kW
11	电除尘器	套	5750	双室五电场，低低温技术，η ≥ 99.95%，3470t
12	50% 汽动给水泵	台	610	超临界机组，含主泵、前置泵
13	50% 给水泵小汽机	台	780	超超临界机组
14	100% 汽动给水泵	台	990	超超临界机组，前置泵与主泵同轴布置，含主泵、前置泵、减速箱，主泵、减速箱整体进口
15	100% 给水泵小汽机	台	1400	小汽机及 MEH 等仪表与控制系统，含凝汽器
16	30% 电动给水泵	台	350	超 / 超超临界机组，启动泵，定速泵。含主泵、前置泵、齿轮箱、主泵电机，不含出口调节阀

续表

序号	设备名称	单位	价格	备注
17	凝汽器	台	4000	钛管，40000m^2
18	凝汽器	台	2200	不锈钢 304，40000m^2
19	凝汽器	台	2540	不锈钢 316，40000m^2
20	凝汽器	台	3280	不锈钢 317，40000m^2
21	凝汽器	台	2750	不锈钢 316L，40000m^2
22	凝汽器	台	3480	不锈钢 317L，40000m^2
23	汽机旁路装置	套	450	40%BMCR 高低压两级串联
24	汽机旁路装置	套	590	40%BMCR 高中低压三级串联
25	高压加热器	套	1350	三级，卧式（含阀门）
26	高压加热器	套	2149	四级
27	低压加热器	套	800	五级，配湿冷机组
28	低温省煤器	套	1240	一级，950t
29	翻车机	套	1235	C 型单车翻车机，Q=25 节 /h
30	斗轮堆取料机	套	1179	1500/1500t/h，臂长 35m，折返式
31	胶带输送机	m	0.85	1400mm
32	气力除灰	套 /2 炉	700	输灰、控制、除尘设备等，不含管道、空压机，输送距离 500m，单台炉除灰系统出力 110t/h，五电场，（2×32+2×3）个灰斗
33	干式排渣机	套	650	含渣井、关断门、碎渣机、渣仓、就地控制、斗式提升机，出力：12~35t/h，长度 45m
34	超滤装置	t/h	1.2	含加药装置、进水泵、保安过滤器、反洗水泵、水箱、膜组件、换热器等
35	反渗透装置	t/h	1.5	含加药装置、反洗水泵、升压泵、保安过滤器、水箱、膜组件、换热器等
36	凝结水精处理装置	套 /2 机	1260	两机一套再生装置，含程控，含树脂，配 2×50% 前置过滤器和 3×50% 混床
37	循环水泵	套	336	立式斜流泵，设计流量 10m^3/s，扬程 25m，电动机功率 3400kW
38	直接空冷设备	10^{4}m^2	40	包括空冷凝汽器、A 型架、隔墙、蒸汽分配管、风机桥架、防护网
39	空冷风机	台	35	直径 9.75m，功率 132kW，含变频器、风机筒、电机、齿轮箱
40	间接空冷设备	10^{4}m^2	41	包括散热器管束、冷却三角框架、支撑件、百叶窗、散热器清洗系统、塔内管道，管束垂直布置

续表

序号	设备名称	单位	价格	备注
41	主变压器	台	2500	500kV，780MVA
42	500kV GIS	间隔	450	断路器间隔，4000A，63kA，含主母线及分支母线
43	机组分散控制系统	套	500	I/O 点规模为 10000 点
44	启动锅炉	台	373	燃油炉，35t/h

（3）2×1000MW 超超临界燃煤机组主要设备价格见表 8。

表 8　2×1000MW 超超临界燃煤机组主要设备价格表

单位：万元

序号	设备名称	单位	价格	备注
1	锅炉（烟煤）	台	55000	超超临界,3080t/h，过热蒸汽压力：29.4MPa（a）；再热器出口温度：623℃；不含节油点火装置，塔式炉
2	锅炉（烟煤）	台	54500	超超临界,3080t/h，过热蒸汽压力：29.4MPa（a）；再热器出口温度：623℃；不含节油点火装置，Π型炉
3	锅炉（烟煤）	台	65000	超超临界，二次再热，不含节油点火装置，塔式炉
4	锅炉（烟煤）	台	65040	超超临界，二次再热，不含节油点火装置，Π型炉
5	汽轮机	台	21500	超超临界，1000MW，湿冷，四缸四排汽，28/600/620
6	汽轮机	台	31899	超超临界，二次再热，五缸四排汽
7	汽轮发电机	台	12500	QFSN-1000-2 型，含静态励磁系统
8	中速磨煤机	台	794	HP1163/MPS235-HP- Ⅱ /ZGM123
9	送风机（含电动机）	台	215	动叶可调轴流式，Q=1285200m^3/h，2500kW
10	引风机（含电动机）	套	380	动叶可调轴流式，Q=2833200m^3/h，6700kW（引风机与增压风机合并）
11	引风机	套	1800	汽电双驱
12	一次风机（含电动机）	台	210	动叶可调轴流式，Q=643788m^3/h，4750kW
13	电除尘器	套	8603	三室五电场（含高频电源），低低温

续表

序号	设备名称	单位	价格	备注
14	50% 汽动给水泵	台	700	含主泵、前置泵。出口流量：1573t/h。抽头流量：105t/h。扬程 33MPa
15	50% 给水泵小汽机	台	1100	小汽机及 MEH 等仪表与控制系统
16	30% 电动给水泵	台	725	启动泵，定速泵。含主泵、前置泵、齿轮箱、主泵电机，不含出口调节阀
17	100% 汽动给水泵	台	1525	汽动给水泵组 1×100%（芯包、前置泵、出口和最小流量阀进口）
18	100% 汽泵小汽机	台	2165	单缸、单流程或双流程、下排汽，含集装油箱、凝汽器、小机盘车、排汽管道等，进口变速箱
19	凝汽器	台	6150	钛管，60000m^2
20	凝汽器	台	3300	不锈钢 304，60000m^2
21	凝汽器	台	3810	不锈钢 316，60000m^2
22	凝汽器	台	4920	不锈钢 317，60000m^2
23	凝汽器	台	3990	不锈钢 316L，60000m^2
24	凝汽器	台	5220	不锈钢 317L，60000m^2
25	汽机旁路装置	套	868	35%BMCR
26	高压加热器	套	1950	三级，U 形管
27	高压加热器	套	2600	四级，蛇形管，用于一次再热机组
28	高压加热器	套	3050	四级，蛇形管，用于二次再热机组
29	高压加热器	套	4019	五级，蛇形管，用于二次再热机组
30	低压加热器	套	1056	五级
31	低压加热器	套	1248	六级，用于二次再热机组
32	翻车机	套	1235	C 型单车翻车机，Q=25 节 /h
33	翻车机	套	1750	双车翻车机
34	斗轮堆取料机	套	1329	1500/1500t/h，臂长 40m
35	斗轮堆取料机	套	1600	3600/1800t/h，臂长 40m
36	圆形煤场堆取料机	套	1400	煤场直径 120m，3600/1500t/h，臂长 35.8m
37	输煤皮带机	m	0.95	1600mm
38	胶带输送机	m	1.00	1800mm
39	管带机	m	1.6	560mm

续表

序号	设备名称	单位	价格	备注
40	气力除灰	套/2炉	846	输灰、控制、除尘设备等，不含管道、空压机，输送距离850m，单台炉除灰系统出力115t/h，三室五电场，(2×48+2×4)个灰斗
41	干式排渣机	套	645	含渣井、关断门、碎渣机、渣仓、就地控制、斗式提升机，出力：50~55t/h，长度55m
42	超滤装置	t/h	1.2	含加药装置、进水泵、保安过滤器、反洗水泵、水箱、膜组件、换热器等
43	反渗透装置	t/h	1.5	含加药装置、反洗水泵、升压泵、保安过滤器、水箱、膜组件、换热器等
44	凝结水精处理装置	套/2机	1600	两机一套再生装置，含程控，含树脂，配2×50%前置过滤器和4×33%混床
45	循环水泵	套	400	立式斜流泵，设计流量9.3m^3/s，扬程28.5m，电动机功率3650kW
46	直接空冷设备	10^4m^2	40	包括空冷凝汽器、A型架、隔墙、蒸汽分配管、风机桥架、防护网
47	空冷风机	台	35	直径9.75m，功率132kW，含变频器、风机筒、电机、齿轮箱
48	间接空冷设备	10^4m^2	41	包括散热器管束、冷却三角框架、支撑件、百叶窗、散热器清洗系统、塔内管道，管束垂直布置（适用于主机冷却）
49	主变压器	台	3025	500kV，1140MVA，三相无载调压
50	500kV GIS	间隔	450	断路器间隔，4000A，63kA，含主母线及分支母线
51	机组分散控制系统	套	650	I/O点规模为13000点
52	启动锅炉	台	460	燃油炉，50t/h

4.3.2 主要装置性材料价格（表9）

表9 燃煤发电工程主要装置性材料价格表

序号	材料名称	单位	350MW超临界（不含税）	660MW超超临界（不含税）	1000MW超超临界（不含税）
1	主蒸汽管道P91/P92	元/t	60261	60318	60828
2	再热热段蒸汽管道（P22/P91/P92）	元/t	63751	65595	65614
3	再热冷段蒸汽管道	元/t	21776	30285	30318

续表

序号	材料名称	单位	350MW 超临界（不含税）	660MW 超超临界（不含税）	1000MW 超超临界（不含税）
4	主给水管道	元 /t	35735	42518	43877
5	烟道	元 /t	7979	8146	8190
6	热风道	元 /t	8811	8390	8532
7	冷风道	元 /t	8160	8067	8356
8	送粉管道	元 /t	9472	11817	11279
9	电力电缆 6kV 以上	元 /km	261167	261167	261167
10	电力电缆 6kV 以下	元 /km	80343	80343	80343
11	电气控制电缆	元 /km	11782	11782	11782
12	热控电缆	元 /km	9857	9857	9857
13	计算机电缆	元 /km	9494	9494	9494

4.3.3 建筑材料价格（表10）

表 10　燃煤发电工程建筑材料价格表

序号	项目名称	单位	实际单价（不含税）
1	水泥	元 /t	398
2	钢筋	元 /t	3996
3	型钢	元 /t	4118
4	钢板	元 /t	4157

4.3.4 征租地价格（表11）

表 11　征租地价格表

序号	项目名称	单位	350MW	660MW	1000MW	9F	9H
一	征地						
1	厂区及厂外道路	元 / 亩	120000	120000	120000	310000	310000
2	灰场	元 / 亩	70000	70000	70000	—	—
二	租地	元 /（亩・年）	5000	5000	5000	9000	9000

4.4 燃煤发电工程主要参考工程量

4.4.1 主要安装参考工程量（表12）

表 12 燃煤发电工程主要安装参考工程量表

序号	项目名称	单位	350MW 超临界	660MW 超超临界	1000MW 超超临界
一	热力系统汽水管道	t	1820	3734	5880
1	高压管道	t	810	2084	2924
（1）	主蒸汽管道	t	240	542	890
（2）	再热蒸汽（热段）	t	234	600	918
（3）	再热蒸汽（冷段）	t	150	302	360
（4）	主给水管道	t	186	640	756
2	中低压管道	t	1010	1650	2956
二	烟风煤管道	t	1860	3695	5770
三	热力系统保温油漆（含炉墙保温）	m^3	11603	19807	27920
四	全厂电缆	km	1317	2210	2890
1	电力电缆	km	248	355	490
2	控制电缆	km	1069	1855	2400
五	电缆桥架（含支架）	t	698	1752	2300

4.4.2 主要建筑参考工程量（表13）

表 13 燃煤发电工程主要建筑参考工程量表

序号	项目名称	单位	350MW 超临界	660MW 超超临界	1000MW 超超临界
一	主厂房体积	m^3	276909	431482	655851
1	汽机房体积	m^3	141711	179871	232178
2	除氧间体积	m^3	—	—	81526
3	煤仓间体积	m^3	63949	126614	111864
4	炉前封闭体积	m^3	9798	12788	18762
5	锅炉运转层以下封闭体积	m^3	45128	90368	175776
6	集控楼体积	m^3	16323	21841	35745

续表

序号	项目名称	单位	350MW 超临界	660MW 超超临界	1000MW 超超临界
二	土建主要工程量	m^3	14593	17222	23908
1	主厂房基础	m^3	3800	4014	5518
2	主厂房框架	m^3	6366	8443	12358
3	汽机平台	m^2	4427	4765	6032

4.5 燃煤发电工程基本技术组合方案

4.5.1 2×350MW超临界燃煤机组基本技术组合方案（表14）

表 14　2×350MW 超临界燃煤机组基本技术组合方案表

序号	系统项目名称	方案技术说明
一	热力系统	（1）主厂房结构形式及布置：主厂房钢筋混凝土结构，三列式前煤仓； （2）锅炉：超临界，Π 型炉，2 台； （3）汽轮机：超临界、单抽凝式，350MW，2 台； （4）汽轮发电机：QFSN-350-2，2 台； （5）制粉系统：中速磨煤机，10 台； （6）余热利用：低温省煤器，一级； （7）除尘系统：双室五电场低低温静电除尘器，4 台； （8）给水泵：2×100% 汽动给水泵和 1×30% 电动给水泵； （9）风机：4×50% 动叶可调轴流式送风机，4×50% 动叶可调轴流式一次风机，4×50% 动叶可调轴流式引风机，与脱硫增压风机合并； （10）烟囱：210m/2-ϕ7.2m，1 座，钢筋混凝土外筒，钛钢复合板双内筒烟囱
二	燃煤供应系统	（1）来煤方式：全部铁路敞车运煤进厂； （2）煤场形式及储煤量：条形封闭煤场
三	除灰系统	（1）厂内除灰渣方式：灰渣分除，干灰集中至灰库；风冷式排渣机，斗式提升机输送至渣仓； （2）灰库：钢筋混凝土筒仓，无保温
四	水处理系统	（1）锅炉补给水处理：超滤、反渗透，一级除盐加混床系统； （2）凝结水精处理：2×50% 前置过滤器，3×50% 混床，混床出口不设钠表，两机合用一套再生装置
五	供水系统	（1）供水方式：扩大单元制二次循环供水系统； （2）冷却塔：每台机配逆流式自然通风冷却塔 1 座，冷却塔淋水面积 5000m^2； （3）补给水系统：中水，补给水管 2×DN700，单线长度 5km
六	电气系统	（1）出线回路：2 回； （2）配电装置：220kV 屋外式 GIS； （3）主变压器：每台机设 1 台国产三相式变压器，容量 420MVA

续表

序号	系统项目名称	方案技术说明
七	热工控制系统	（1）分散控制系统（DCS）：包括DAS、MCS、SCS、FSSS等4个功能子系统（包括电气进DCS，不包括大屏幕），2套； （2）智能电厂：3000万元基本方案
八	脱硫装置系统	工艺：石灰石－石膏湿法烟气脱硫工艺（1炉1塔）
九	脱硝装置系统	（1）工艺：选择性催化还原工艺； （2）制氨方法：尿素水解制氨； （3）催化剂层数：2+1，初装2层，催化剂采用蜂窝式
十	附属生产工程	（1）启动锅炉：燃油炉，20t/h，2台； （2）噪声治理：基本方案1500万元； （3）辅助及附属建筑物：生产行政综合楼面积为3400m^2，运行及维护人员办公用房面积为1200m^2，检修间面积为1200m^2，一般材料库面积为2000m^2，特种材料库面积为500m^2，宿舍面积为2100m^2（夜班宿舍面积为900m^2，检修宿舍面积为1200m^2），食堂面积为1000m^2，警卫室面积为90m^2（主警卫室面积为60m^2，次警卫室面积为30m^2）
十一	交通运输工程	（1）铁路：国铁Ⅳ级标准，厂外10km（含接轨站改造），厂内3.3km； （2）进厂公路：厂矿三级道路标准，厂外2km，路面宽7m，路基宽8.5m；运灰公路5km
十二	地基处理	主厂房、烟囱、汽机基础、锅炉、集控楼、电除尘、送风机支架、引风机支架、烟道支架和输煤转运站等采用25m左右450mm×450mm预制钢筋混凝土桩，部分辅助及附属建筑物采用复合地基
十三	灰场	事故备用灰场，满足堆灰1年

4.5.2 2×660MW超超临界燃煤机组基本技术组合方案（表15）

表15 2×660MW超超临界燃煤机组基本技术组合方案表

序号	系统项目名称	方案技术说明
一	热力系统	（1）主厂房结构形式及布置：主厂房钢筋混凝土结构，四列式前煤仓； （2）锅炉：超超临界，一次再热，29.4MPa（a）/605℃/623℃，2台； （3）汽轮机：超超临界，660MW，28MPa（a）/600℃/620℃，2台； （4）汽轮发电机：QFSN-660-2，2台； （5）制粉系统：中速磨煤机，12台； （6）余热利用：低温省煤器，一级； （7）除尘系统：双室五电场低低温静电除尘器，4台； （8）给水泵：2×100%汽动给水泵和1×30%电动给水泵； （9）风机：4×50%动叶可调轴流式送风机，4×50%动叶可调轴流式一次风机，4×50%动叶可调轴流式引风机，与脱硫增压风机合并； （10）烟囱：240m/2-φ7.5m，1座，钢筋混凝土外筒，钛钢复合板双内筒烟囱
二	燃煤供应系统	（1）来煤方式：全部铁路敞车运煤进厂； （2）煤场形式及储煤量：条形封闭煤场

续表

序号	系统项目名称	方案技术说明
三	除灰系统	（1）厂内除灰渣方式：灰渣分除，干灰集中至灰库；风冷式排渣机，斗式提升机输送至渣仓； （2）灰库：钢筋混凝土筒仓，无保温
四	水处理系统	（1）锅炉补给水处理：超滤、反渗透，一级除盐加混床系统； （2）凝结水精处理：2×50% 前置过滤器，3×50% 混床，混床出口不设钠表，两机合用一套再生装置
五	供水系统	（1）供水方式：扩大单元制二次循环供水系统； （2）冷却塔：每台机配逆流式自然通风冷却塔1座，冷却塔淋水面积为8500m^2； （3）补给水系统：地表水，补给水管2×DN800，单线长度15km
六	电气系统	（1）出线回路：2回； （2）配电装置：500kV屋外敞开式，采用柱式SF6断路器，3/2接线，2回主变进线，2回出线，1回启备变进线，共7台断路器； （3）主变压器：每台机设1台国产三相式变压器，容量780MVA
七	热工控制系统	（1）分散控制系统（DCS）：包括DAS、MCS、SCS、FSSS等4个功能子系统（包括电气进DCS，不包括大屏幕），2套； （2）智能电厂：3000万元基本方案
八	脱硫装置系统	工艺：石灰石－石膏湿法烟气脱硫工艺（1炉1塔）
九	脱硝装置系统	（1）工艺：选择性催化还原工艺； （2）制氨方法：尿素水解制氨； （3）催化剂层数：2+1，初装2层，催化剂采用蜂窝式
十	附属生产工程	（1）启动锅炉：燃油，35t/h，2台； （2）噪声治理：基本方案2200万元； （3）辅助及附属建筑物：生产行政综合楼面积为3400m^2，运行及维护人员办公用房面积为1500m^2，检修间面积为1200m^2，一般材料库面积为2000m^2，特种材料库面积为500m^2，宿舍面积为2100m^2（夜班宿舍面积为900m^2，检修宿舍面积为1200m^2），食堂面积为1150m^2，警卫室面积为90m^2（主警卫室面积为60m^2，次警卫室面积为30m^2）
十一	交通运输工程	（1）铁路：国铁Ⅲ级标准，厂外12km（含接轨站改造），厂内5.5km； （2）进厂公路：厂矿三级道路标准，厂外5km，路面宽7m，路基宽8.5m
十二	地基处理	主厂房、烟囱、锅炉、汽机基础等采用φ600mm×110mm PHC桩，集控楼、电除尘、送风机支架、引风机支架、烟道支架和输煤转运站等采用PHC桩，辅助及附属建筑物采用复合地基
十三	灰场	山谷干灰场，占地33hm^2，满足堆灰3年

4.5.3 2×1000MW超超临界燃煤机组基本技术组合方案（表16）

表 16 2×1000MW 超超临界燃煤机组基本技术组合方案表

序号	系统项目名称	方案技术说明
一	热力系统	（1）主厂房结构形式及布置：主厂房钢筋混凝土结构，四列式前煤仓； （2）锅炉：超超临界烟煤炉，一次再热，Π 型，2 台； （3）汽轮机：超超临界，1000MW，28MPa（a）/600℃ /620℃，2 台； （4）汽轮发电机：QFSN-1000-2，2 台； （5）制粉系统：中速磨煤机，12 台； （6）余热利用：低温省煤器，一级； （7）除尘系统：三室五电场低低温静电除尘器，4 台； （8）给水泵：2×100% 汽动给水泵和 1×30% 电动给水泵； （9）风机：4×50% 动叶可调轴流式送风机，4×50% 动叶可调轴流式一次风机，4×50% 动叶可调轴流式引风机，与脱硫增压风机合并； （10）烟囱：240m/2-φ8.5m，1 座，钢筋混凝土外筒，钛钢复合板双内筒烟囱
二	燃煤供应系统	（1）来煤方式：全部铁路敞车运煤进厂； （2）煤场形式及储煤量：条形封闭煤场
三	除灰系统	（1）厂内除灰渣方式：灰渣分除，干灰集中至灰库；风冷式排渣机，斗式提升机输送至渣仓； （2）灰库：钢筋混凝土筒仓，无保温
四	水处理系统	（1）锅炉补给水处理：超滤、反渗透，一级除盐加混床系统； （2）凝结水精处理：2×50% 前置过滤器，4×33% 混床，混床出口不设钠表，两机合用一套再生装置
五	供水系统	（1）供水方式：扩大单元制二次循环供水系统； （2）冷却塔：每台机配逆流式自然通风冷却塔 1 座，冷却塔淋水面积为 12000m^2； （3）补给水系统：地表水，补给水管 2×DN1000，单线长度 15km
六	电气系统	（1）出线回路：2 回； （2）配电装置：500kV 屋外敞开式，采用柱式 SF6 断路器，3/2 接线，2 回主变进线，2 回出线，1 回启备变进线，共 7 台断路器； （3）主变压器：每台机设 1 台国产三相式变压器，容量 1140MVA
七	热工控制系统	（1）分散控制系统（DCS）：包括 DAS、MCS、SCS、FSSS 等 4 个功能子系统（包括电气进 DCS，不包括大屏幕），2 套； （2）智能电厂：3000 万元基本方案
八	脱硫装置系统	工艺：石灰石 - 石膏湿法烟气脱硫工艺（1 炉 1 塔）
九	脱硝装置系统	（1）工艺：选择性催化还原工艺； （2）制氨方法：尿素水解制氨； （3）催化剂层数：2+1，初装 2 层，催化剂采用蜂窝式
十	附属生产工程	（1）启动锅炉：燃油，50t/h，2 台； （2）噪声治理：基本方案 2500 万元； （3）辅助及附属建筑物：生产行政综合楼面积为 3400m^2，运行及维护人员办公用房面积为 1500m^2，检修间面积为 1200m^2，一般材料库面积为 2000m^2，特种材料库面积为 500m^2，宿舍面积为 2100m^2（夜班宿舍面积为 900m^2，检修宿舍面积为 1200m^2），食堂面积为 1150m^2，警卫室面积为 90m^2（主警卫室面积为 60m^2，次警卫室面积为 30m^2）

续表

序号	系统项目名称	方案技术说明
十一	交通运输工程	（1）铁路：国铁Ⅲ级标准，厂外 12km（含接轨站改造），厂内 5.5km； （2）进厂公路：厂矿三级道路标准，厂外 2km，路面宽 7m，路基宽 8.5m
十二	地基处理	采用 φ800mm 钻孔灌注桩，桩长 35m
十三	灰场	山谷干灰场，占地 39hm^2，满足堆灰 3 年

4.6 燃煤发电工程调整模块

4.6.1 2×350MW超临界燃煤机组调整模块（表17）

表 17 2×350MW 超临界燃煤机组调整模块表

序号	模块名称	二级模块名称	造价指标（万元）	技术特征及说明
一	热力系统			
1	机型及炉型	超临界烟煤	116941	锅炉：超临界烟煤炉，一次再热，Π 型； 汽轮机：超临界，2 台
		超超临界烟煤	131397	锅炉：超超临界烟煤炉，一次再热，Π 型； 汽轮机：超超临界，2 台
二	热控系统			
1	智能电厂	智慧基础	3000	
		智慧先进	6000	
三	附属生产工程			
1	辅助及附属建筑物	40km 内	3262	总面积 11490m^2，生产行政综合楼面积为 3400m^2，运行及维护人员办公用房面积为 1200m^2，检修间面积为 1200m^2，一般材料库面积为 2000m^2，特种材料库面积为 500m^2，宿舍面积为 2100m^2（夜班宿舍面积为 900m^2，检修宿舍面积为 1200m^2），食堂面积为 1000m^2，警卫室面积为 90m^2（主警卫室面积为 60m^2，次警卫室面积为 30m^2）
		40km 以上	7582	总面积 25890m^2，生产行政综合楼面积为 3400m^2，运行及维护人员办公用房面积为 1200m^2，检修间面积为 1200m^2，一般材料库面积为 2000m^2，特种材料库面积为 500m^2，检修宿舍面积为 1200m^2，食堂面积为 1000m^2，周值班宿舍面积为 12500m^2，职工活动中心面积为 2300m^2，简易社会服务设施面积为 500m^2，警卫室面积为 90m^2（主警卫室面积为 60m^2，次警卫室面积为 30m^2）
四	灰场			
1	灰场	山谷干灰场	1200	事故备用灰场，满足堆灰 1 年
		钢板灰库	2500	1 套 33000m^3 大型钢板灰库

4.6.2 2×660MW超超临界燃煤机组调整模块（表18）

表 18 2×660MW 超超临界燃煤机组调整模块表

序号	模块名称	二级模块名称	造价指标（万元）	技术特征及说明
一	热力系统			
1	炉型	超超临界一次再热烟煤	157309	（1）模块范围：锅炉、风机、除尘、烟风煤管道、高压汽水管道、锅炉炉墙砌筑及本体保温、除尘器保温、锅炉辅机保温，主厂房、锅炉紧身封闭、锅炉电梯井、锅炉基础、主厂房附属设备基础、送风机支架、除尘器基础、引风机室等； （2）锅炉：超超临界烟煤炉，一次再热，Π 型； （3）高压管道工程量：2084t
		超超临界二次再热烟煤	182843	（1）模块范围：锅炉、风机、除尘、烟风煤管道、高压汽水管道、锅炉炉墙砌筑及本体保温、除尘器保温、锅炉辅机保温，主厂房、锅炉紧身封闭、锅炉电梯井、锅炉基础、主厂房附属设备基础、送风机支架、除尘器基础、引风机室等； （2）锅炉：超超临界烟煤炉，二次再热，31MPa，Π 型； （3）高压管道工程量：3204t
		超超临界褐煤	166426	（1）模块范围：锅炉、风机、除尘、烟风煤管道、高压汽水管道、锅炉炉墙砌筑及本体保温、除尘器保温、锅炉辅机保温，主厂房、锅炉紧身封闭、锅炉电梯井、锅炉基础、主厂房附属设备基础、送风机支架、除尘器基础、引风机室等； （2）锅炉：超超临界褐煤炉，一次再热，31MPa，Π 型； （3）高压管道工程量：1840t
2	机型	超超临界纯凝机组	59857	（1）模块范围：汽轮发电机组本体、辅助设备、旁路、除氧给水、其他辅机，中低压汽水管道，汽轮发电机组设备保温、管道保温，凝结水精处理系统； （2）汽轮机：N660-28-600-620 型，2 台； （3）给水泵：2×100% 汽动给水泵和 1×30% 电动给水泵； （4）回热：9 级回热系统
		超超临界二次再热纯凝机组	76483	（1）模块范围：汽轮发电机组本体、辅助设备、旁路、除氧给水、其他辅机，中低压汽水管道，汽轮发电机组设备保温、管道保温，凝结水精处理系统；

续表

序号	模块名称	二级模块名称	造价指标（万元）	技术特征及说明
2	机型	超超临界二次再热纯凝机组	76483	（2）汽轮机：N660–28–600–620 型，2 台； （3）给水泵：2×100% 汽动给水泵和 1×30% 电动给水泵； （4）回热：9 级回热系统
3	主厂房布置	前煤仓	48578	（1）模块范围：高压汽水管道、输煤皮带、厂用电系统、电缆、DCS、热控电缆，主厂房、锅炉紧身封闭、电梯井、锅炉基础、汽轮机基础、主厂房附属设备基础； （2）高压汽水管道工程量：2084t
		侧煤仓	46696	（1）模块范围：高压汽水管道、输煤皮带、厂用电系统、电缆、DCS、热控电缆，主厂房、锅炉紧身封闭、电梯井、锅炉基础、汽轮机基础、主厂房附属设备基础； （2）高压汽水管道工程量：2004t
4	热网系统	无	0	
		热网系统	3970	超高压、高压及低压供热蒸汽联箱各 1 台，热网管道至厂区围墙外 1m
二	燃料供应系统			
1	来煤方式	全部铁路敞车运煤进厂	17041	模块范围：厂内卸煤、上煤、碎煤系统，煤场机械
		全部海运来煤	26338	模块范围：码头卸煤、输煤系统，厂内上煤、碎煤系统
三	除灰系统			
1	厂内除灰渣（石子煤）方式	风冷式排渣机	1736	灰渣分除，干灰集中至灰库；风冷式排渣机，斗式提升机输送至渣仓
		机械除渣	1434	机械除渣直接至渣仓，电瓶叉车运输石子煤
四	水处理系统			
1	锅炉补给水处理系统	有反渗透系统	2078	2×80t/h 超滤、反渗透 2×（100~120）t/h 一级除盐加混床系统
		EDI	2156	2×115m^3/h 超滤、3×86m^3/h 一级反渗透装置、3×73m^3/h 二级反渗透装置、EDI 装置 2×73m^3/h 及除盐水箱等

续表

序号	模块名称	二级模块名称	造价指标（万元）	技术特征及说明
2	循环排污水处理系统	无	0	
		超滤 + 反渗透处理	3064	（1）采用循环水旁流软化 + 循环排污水处理工艺，浓缩倍率约 5.88 倍； （2）循环水旁流处理系统采用结晶造粒流化床软化工艺，设置 2 × 350t/h 化学结晶造粒流化床和 3 × 350t/h 固液分离床； （3）循环排污水处理系统采用出力为 2 × 80m³/h 的膜处理系统
3	电厂循环水加氯系统	电解食盐制氯	134	设备容量为 2 × 10kg/h，含电气控制
		电解海水制氯	616	设备容量为 2 × 90kg/h，设计界限：电解制氯间墙中心线外 1m 处，含工艺设备及管道、阀门，制氯间内的电气及控制设备等
五	供水系统			
1	冷却方式	二次循环：取用地表水	33854	（1）扩大单元制，压力水管为 2 × DN3000，焊接钢管，管线总长 2000m； （2）8500m² 逆流式自然通风冷却塔 2 座，考虑防冻措施，循环水泵 4 台（立式斜流泵），集中循环水泵房 1 座，进水间和泵房全封闭； （3）补给水管为 2 × DN800，焊接钢管，管道单线长度 15km
		间接空冷	52259	（1）表凝式； （2）间接空冷冷却塔塔高 172m，散热器面积 160 × 104m²，主机循环冷却水系统，2 台机组配 6 台循环水泵和 1 座循环水泵房； （3）辅机冷却水，2 台机组配 3 座机力塔和 1 座辅机循环水泵房； （4）厂区内补给水管道为 ϕ273mm × 6mm，长度 1km； （5）补给水管 2 × DN500 × 15km，升压泵房 1 座，补给水泵 3 台
		直流供水：深海取水	27738	
		直流供水：海边敞开式取水	28216	

续表

序号	模块名称	二级模块名称	造价指标（万元）	技术特征及说明
1	冷却方式	直接空冷	46566	（1）机械通风直接空冷，每机排汽主管管径为 2×Φ6m，空冷凝汽器为单排管，每机空冷凝汽器面积 1763869m^2（1 台机组翅片总面积）； （2）2 台机组空冷平台尺寸 184.8m×81.4m，平台高度 40m（钢筋混凝土空心管柱、钢结构平台）； （3）辅机冷却水配 3×35% 机力塔，尺寸 3×15m×15m； （4）地表水，2×DN500×15km 补给水管，升压泵房 1 座，补给水泵 3 台，土建按 4 台一次建成，14m×9m（地上高 6.5m，地下深 9.6m）
六	电气系统			
1	升压站	500kV 屋外敞开式	3019	3/2 接线，2 回主变进线，2 回出线，1 回启备变进线，共 7 个断路器
		500kV 屋内 GIS	4750	3/2 接线，2 回主变进线，2 回出线，1 回启备变进线，共 7 个断路器间隔
		220kV 屋内 GIS	2205	3/2 接线，2 回主变进线，2 回出线，1 回启备变进线，共 7 个断路器间隔
		750kV 屋外敞开式	10398	3/2 接线，2 回主变进线，2 回出线
		750kV GIS	13231	2 回主变进线，2 回出线
七	热控系统			
1	智能电厂	智慧基础	3000	
		智慧先进	6000	
八	附属生产工程			
1	辅助及附属建筑物	40km 内	3397	总面积 11940m^2，生产行政综合楼面积为 3400m^2，运行及维护人员办公用房面积为 1500m^2，检修间面积为 1200m^2，一般材料库面积为 2500m^2，宿舍面积为 2100m^2（夜班宿舍面积为 900m^2，检修宿舍面积为 1200m^2），食堂面积为 1150m^2，警卫室面积为 90m^2（主警卫室面积为 60m^2，次警卫室面积为 30m^2）

续表

序号	模块名称	二级模块名称	造价指标（万元）	技术特征及说明
1	辅助及附属建筑物	40km 以上	8107	总面积 27640m^2，生产行政综合楼面积为 3400m^2，运行及维护人员办公用房面积为 1500m^2，检修间面积为 1200m^2，一般材料库面积为 2500m^2，检修宿舍面积为 1200m^2，食堂面积为 1150m^2，周值班宿舍面积为 13800m^2，职工活动中心面积为 2300m^2，简易社会服务设施面积为 500m^2，警卫室面积为 90m^2（主警卫室面积为 60m^2，次警卫室面积为 30m^2）
九	灰场			
1	灰场	山谷干灰场	3839	山谷干灰场，占地 33hm^2，满足堆灰 3 年
		钢板灰库	2500	1 套 33000m^3 大型钢板灰库

4.6.3 2×1000MW超超临界燃煤机组调整模块（表19）

表 19 2×1000MW 超超临界燃煤机组调整模块表

序号	模块名称	二级模块名称	造价指标（万元）	技术特征及说明
一	热力系统			
1	炉型	一次再热超超临界烟煤	152066	（1）锅炉：超超临界烟煤炉，一次中间再热，2 台； （2）高压管道工程量：2924t
		二次再热超超临界烟煤	188152	（1）锅炉：超超临界烟煤炉，二次再热，塔式； （2）高压管道工程量：4920t
2	机型	一次再热纯凝机组	89924	（1）主厂房钢筋混凝土结构； （2）汽轮机：超超临界汽轮机，一次中间再热，1000MW，28MPa（a）/600℃ /620℃，单轴，四缸四排汽，2 台； （3）回热：9 级回热系统； （4）中低压管道工程量：2956t

续表

序号	模块名称	二级模块名称	造价指标（万元）	技术特征及说明
2	机型	二次再热纯凝机组	116355	（1）主厂房钢筋混凝土结构； （2）汽轮机：超超临界汽轮机，二次中间再热，1000MW，31MPa（a）/600℃/620℃/620℃，单轴，五缸四排汽，2台； （3）回热：10级回热系统； （4）中低压管道工程量：4280t
		二次再热纯凝机组（11级回热）	118390	（1）主厂房钢筋混凝土结构； （2）汽轮机：超超临界汽轮机，二次中间再热，1000MW，31MPa（a）/600℃/620℃/620℃，单轴，五缸四排汽，2台； （3）回热：11级回热系统（含0号高加）； （4）中低压管道工程量：4280t
3	主厂房布置	前煤仓	65682	（1）主厂房布置：汽轮机纵向，机头朝向固定端，主厂房钢筋混凝土结构，锅炉半露天； （2）高压汽水管道工程量：2924t
		侧煤仓	61887	（1）主厂房布置：汽轮机纵向，机头朝向固定端，主厂房钢筋混凝土结构，按汽轮机房、除氧间、锅炉房顺序排列，煤仓间布置于两炉之间的炉侧； （2）高压汽水管道工程量：2830t
4	烟气余热利用	一级低温省煤器	4637	在低低温静电除尘器入口布置一级低温省煤器，采用闭式循环水作为媒介加热冷二次风，多余的热量用来加热凝结水
		二级低温省煤器	8442	除尘入口设置一级低温省煤器回收烟气余热用于加热凝结水进汽轮机回热系统，降低汽轮机热耗；脱硫塔入口设置低温省煤器，回收的热量均用于加热媒介水，升温后的媒介水通过暖风器加热锅炉冷一次风和冷二次风，提高锅炉效率
5	汽电双驱	动叶可调轴流式引风机	1608	动叶可调轴流式引风机，与脱硫增压风机合并
		汽电双驱＋兼顾供热	8370	汽电双驱引风机

续表

序号	模块名称	二级模块名称	造价指标（万元）	技术特征及说明
二	燃料供应系统			
1	来煤方式	全部铁路敞车运煤进厂	27381	模块范围：厂内卸煤、上煤、碎煤系统，煤场机械
		全部海运来煤	28742	模块范围：码头卸煤、输煤系统，厂内上煤、碎煤系统
2	煤场	条形封闭煤场	9958	（1）煤场容量：2×1000MW 机组 20 天耗煤量； （2）斗轮堆取料机 2 台
		圆形煤场	14568	（1）封闭式圆形煤场 2 座，直径 120m，单仓贮量 15×104t； （2）圆形煤场堆取料机 2 台
三	除灰系统			
1	厂内除灰渣方式	风冷式排渣机	1720	风冷式排渣机 + 二级输送系统（含控制系统）
		机械除渣	1961	刮板捞渣机直接至渣仓的除渣系统（含控制系统）
四	水处理系统			
1	循环排污水处理系统	无	0	
		石灰石处理	2428	（1）循环排污水处理系统，处理容量为 720t/h； （2）2 座 750t/h 的高密度澄清池和 4 座 400t/h 变孔隙滤池
		超滤 + 反渗透处理	3587	（1）采用循环水旁流软化 + 循环排污水处理工艺，浓缩倍率约 5.89 倍； （2）循环水旁流处理系统采用结晶造粒流化床软化工艺，处理容量约 700t/h，配置 2×400t/h 的软化处理设备； （3）循环排污水预脱盐处理系统采用“超滤 + 反渗透”处理工艺，容量 400t/h
2	循环冷却水加氯系统	电解食盐制氯	192	设备容量为 2×20kg/h，含电气控制
		电解海水制氯	656	电解海水制氯，设备容量为 2×130kg/h（可连续及冲击加氯），设计界限：电解制氯间墙中心线外 1 米处，含工艺设备及管道、阀门，制氯间内的电气及控制设备等

续表

序号	模块名称	二级模块名称	造价指标（万元）	技术特征及说明
五	供水系统			
1	冷却方式	二次循环：取用地表水	60579	（1）扩大单元制，压力水管为 2×DN3700，焊接钢管，管线总长 1510m； （2）12000m^2 逆流式自然通风冷却塔 2 座，考虑防冻措施； （3）循环水泵 6 台（立式斜流泵），循环水泵房 1 座，补充水管为 2×DN1000，焊接钢管，管道单线长度 15km
		间接空冷	90336	（1）表凝式； （2）间接空冷冷却塔塔高 212.1m，直径 171.3m； （3）散热器面积 252×104m^2； （4）主机循环冷却水系统，2 台机组配 6 台循环水泵和 1 座循环水泵房； （5）辅机冷却水，2 台机组配 3 座机力塔和 1 座辅机循环水泵房； （6）厂区内补给水管道为 ϕ273mm×6mm，长度 1km； （7）补给水管 2×DN500×15km，升压泵房 1 座，补给水泵 3 台
		海水直流供水	44982	（1）引水隧道，2×DN4200×1000m，盾构施工； （2）循环水泵房 1 座，循环水泵 6 台； （3）钢筋混凝土排水隧道 2×DN4200×250m； （4）补给水管 2×DN600×15km
		直接空冷	80645	（1）机械通风直接空冷，每机排汽主管管径为 2×ϕ7.6m，空冷凝汽器为单排管，每机空冷凝汽器面积 2287058m^2（1 台机组翅片总面积）； （2）每机设变频调速低噪声风机 80 台，直径 9.144m，额定功率 110kW； （3）2 台机组空冷平台尺寸 227.4m×92m，平台高度 50m（钢筋混凝土空心管柱、钢结构平台）； （4）辅机冷却水配 3×35% 机力塔，尺寸 3×15m×15m； （5）地表水，2×DN500×15km 补给水管，升压泵房 1 座，补给水泵 3 台，土建按 4 台一次建成，15m×30m（地上高 13m，地下深 13.29m），仅是水泵间，不包括进水前池
2	冷却塔	逆流式自然通风冷却塔	23503	12000m^2 逆流式自然通风冷却塔 2 座，考虑防冻措施
		高位收水冷却塔	40612	13200m^2 高位收水冷却塔 2 座

续表

序号	模块名称	二级模块名称	造价指标（万元）	技术特征及说明
六	电气系统			
1	升压站	500kV 屋外敞开式	3168	3/2 接线，2 回进线，2 回出线
		500kV 屋内 GIS	4109	3/2 接线，2 回进线，2 回出线
		750kV 屋外敞开式	10625	3/2 接线，2 回进线，2 回出线
		750kV 屋内 GIS	14396	2 回进线，2 回出线
七	热控系统			
1	智能电厂	智慧基础	3000	
		智慧先进	6000	
八	附属生产工程			
1	辅助及附属建筑物	40km 内	3567	总面积 11940m^2，生产行政综合楼面积为 3400m^2，运行及维护人员办公用房面积为 1500m^2，检修间面积为 1200m^2，一般材料库面积为 2000m^2，特种材料库面积为 500m^2，宿舍面积为 2100m^2（夜班宿舍面积为 900m^2，检修宿舍面积为 1200m^2），食堂面积为 1150m^2，警卫室面积为 90m^2（主警卫室面积为 60m^2，次警卫室面积为 30m^2）
		40km 以上	8277	总面积 27640m^2，生产行政综合楼面积为 3400m^2，运行及维护人员办公用房面积为 1500m^2，检修间面积为 1200m^2，一般材料库面积为 2000m^2，特种材料库面积为 500m^2，检修宿舍面积为 1200m^2，食堂面积为 1150m^2，周值班宿舍面积为 13800m^2，职工活动中心面积为 2300m^2，简易社会服务设施面积为 500m^2，警卫室面积为 90m^2（主警卫室面积为 60m^2，次警卫室面积为 30m^2）
九	交通运输工程			
1	运煤方式	铁路运输（翻车机）	14044	厂外铁路 12km，厂内铁路 5.5km
		海运码头扩建	15000	（1）新增 1 台额定出力 2000t/h 的桥式抓斗卸船机，并新建码头至煤场预留一路卸煤皮带；（2）年设计卸煤量由 516 × 104t 提升至 822 × 104t

续表

序号	模块名称	二级模块名称	造价指标（万元）	技术特征及说明
十	灰场			
1	灰场	山谷干灰场	3669	山谷干灰场，占地 $39hm^2$，满足堆灰约 3 年
		钢板灰库	4471	钢板大灰库，容积为 $6 \times 104m^3$，可堆灰 1 个月
十一	脱硫系统			
1	脱硫工艺	石灰石－石膏湿法脱硫（不含 GGH）	21016	石灰石－石膏湿法烟气脱硫工艺（1 炉 1 塔）
		海水脱硫	15963	海水脱硫
2	脱硫废水处理系统	不单独处理	696	送入电厂主体工程统一处理
		单独处理排放	2929	蒸发结晶 20t/h
		单独处理回用	2768	膜法 20t/h
十二	脱硝系统			
1	制氨气方式	尿素水解	1307	
		尿素热解	1485	

5 燃气－蒸汽联合循环机组工程通用造价指标

5.1 燃气－蒸汽联合循环机组工程通用造价指标编制说明

5.1.1 燃气–蒸汽联合循环机组工程通用造价指标编制依据

（1）《国家计委关于加强对基本建设大中型项目概算中“价差预备费”管理有关问题的通知》（计投资〔1999〕1340号）。

（2）《中电联关于发布2018年版电力建设工程装置性材料预算价格与综合预算价格的通知》（中电联定额〔2020〕44号）。

（3）《电力工程造价与定额管理总站关于发布2018年版电力建设工程概预算定额价格水平调整办法的通知》（定额〔2020〕9号）。

（4）《火电工程限额设计参考造价指标》（2023年水平）。

（5）《国家能源集团电力产业新（改、扩）建项目技术原则》（2023年版）、《国家能源集团新建煤电机组智能化建设项目及功能应用规范》、《国家能源集团电力工程附属建筑物建设规模标准》、《火电工程辅助及附属建筑物建设规模标准》（征求意见稿）等相关标准及文件。

5.1.2 燃气–蒸汽联合循环机组工程通用造价指标编制原则

（1）静态投资水平为2024年。

（2）主要设备价格以国家能源集团近期项目招标合同价格资料为基础，综合考虑建设预算编制基准期电力行业定额（造价）管理机构发布的信息价格，同时参照《火电工程限额设计参考造价指标》（2023 年水平）和同时期、同类型机组设备招标情况作了部分修正。

（3）主要建安工程量以国家能源集团已建投产工程施工图工程量及类似典型工程初设概算参考工程量为基础。

（4）人工工资、定额材料机械价格按《电力建设工程概算定额（2018 年版）》计取，价差调整执行《电力工程造价与定额管理总站关于发布 2018 版电力建设工程概预算定额 2023 年度价格水平调整的通知》（定额〔2024〕1 号）中北京地区相关调整系数，只计取税金，列入编制年价差。

（5）建筑工程材料价格按照《电力工程造价与定额管理总站关于发布 2018 年版电力建设工程概预算定额价格水平调整办法的通知》（定额〔2020〕9 号）规定的原则计算，并根据实物量定额单价与北京市 2024 年 4 月的信息价比较计算材料价差。

（6）安装工程材料价格执行中国电力企业联合会文件《中电联关于发布 2018 年版电力建设工程装置性材料预算价格与综合预算价格的通知》（定额〔2020〕44 号）中的《电力建设工程装置性材料综合预算价格（2018 年版）》，安装工程主要材料价格按《电力工程造价与定额管理总站关于发布 2023 年电力建设工程装置性材料综合信息价的通知》（定额〔2024〕19 号）和《2023 年发电工程装置性材料综合信息价》的价格计取材料价差。

（7）国产机组造价内已含少量必要的进口设备、材料费用，进口汇率按 1 美元 =7.2663 元人民币，其相应的进口费用已计入设备材料费中，其中的关税按《中华人民共和国进出口关税条例》中的优惠税率计。

（8）本指标价格只计算到静态投资，基本预备费费率为 3%。

5.1.3　燃气–蒸汽联合循环机组工程通用造价指标编制范围

燃气 – 蒸汽联合循环机组工程通用造价指标编制范围包括厂区围墙范围内所有工艺生产系统及围墙外的厂外道路、厂外补给水系统等工程费用，建设场地征（租）地费用，勘察设计费、监理费等其他费用。

5.1.4 9H级燃气–蒸汽联合循环机组基本组合方案说明

考虑到国家能源集团近期工程及当前国内的主流设计方案，9H级燃气－蒸汽联合循环机组通用造价指标采取的主要基础技术组合方案如下。

（1）主机：800MW等级一拖一单轴，2套。

（2）主厂房布置及结构形式：燃气轮机和汽轮机联合厂房布置方案，钢筋混凝土结构。

（3）水处理系统：全膜法。

（4）循环供水系统：带有机力通风冷却塔的扩大单元制。

（5）配电装置：220kV屋内GIS。

（6）智慧电厂：按3000万元基本方案配置。

（7）脱硝：同步实施。

（8）地震烈度：抗震设防烈度按7度考虑。

5.1.5 9F级燃气–蒸汽联合循环机组基本组合方案说明

考虑到国家能源集团近期工程及当前国内的主流设计方案，9F级燃气－蒸汽联合循环机组通用造价指标采取的主要基础技术组合方案如下。

（1）主机：400MW等级一拖一多轴，2套。

（2）主厂房布置及结构形式：联合中位大平台厂房镜像布置，钢筋混凝土结构。

（3）水处理系统：全膜法。

（4）循环供水系统：带有机力通风冷却塔的扩大单元制。

（5）配电装置：220kV屋内GIS。

（6）智慧电厂：按3000万元基本方案配置。

（7）脱硝：同步实施。

（8）地震烈度：抗震设防烈度按7度考虑。

5.2 燃气－蒸汽联合循环机组工程通用造价指标

5.2.1 通用造价指标（表20）

表 20 燃气－蒸汽联合循环机组工程通用造价指标表

单位：元 /kW

机组容量		造价指标
2×800MW 等级燃气机组（9H 级供热）	两台机组	1902
2×400MW 等级燃气机组（9F 级供热）	两台机组	2201

5.2.2 各类费用占指标的比例（表21）

表 21 燃气－蒸汽联合循环机组工程各类费用占指标的比例表

单位：%

机组容量	建筑工程费用	设备购置费用	安装工程费用	其他费用	合计
2×800MW 等级燃气机组（9H 级供热）	15.60	60.97	8.94	14.49	100
2×400MW 等级燃气机组（9F 级供热）	17.47	55.81	11.26	15.46	100

5.2.3 其他费用汇总（表22）

表 22 燃气－蒸汽联合循环机组工程其他费用汇总表

单位：万元

序号	工程或费用名称	9H 级供热	9F 级供热
一	建设场地占用及清理费	9155	5040
二	项目建设管理费	6350	5205
三	项目建设技术服务费	9111	7473
四	整套启动试运费	8612	7396
五	生产准备费	2734	2116
六	大件运输措施费	300	300
	合计	36262	27530

注：不含基本预备费，不含脱硝装置系统的其他费用。

5.3 燃气－蒸汽联合循环机组工程主要价格

5.3.1 主要设备价格（表23）

表 23 燃气－蒸汽联合循环机组工程主要设备价格表

单位：万元

序号	设备名称	规格型号	单位	价格
一、800MW 等级燃气机组（9H）				
1	燃气轮机	9HA.02 型；燃机性能保证工况出力 550MW	台	43500
2	余热锅炉	三压、再热、无补燃、卧式、自然循环	台	13500
3	蒸汽轮机	三压、再热	台	11500
4	发电机	823MW	台	8600
二、400MW 等级燃气机组（9F）				
1	燃气轮机	M701F4 型	台	21000
2	余热锅炉	卧式三压再热自然循环，主汽蒸汽量 256t/h	台	8000
3	蒸汽轮机	三压、一次再热、抽凝、双缸型，下排汽；高压蒸汽 346.2t/h、11.03MPa（a）/565℃	台	6200
4	燃机发电机	额定功率 300MW	台	4700
5	蒸汽轮发电机	额定功率 150MW，额定电压 13.8kV，空冷	台	1700
6	调压站	天然气流量：135300m^3/h	台	1500
7	增压站	天然气流量：190884m^3/h	台	4750
8	主变压器	480MVA，220kV 三相无载调压	台	1380
9	燃机主变压器	410MVA，220kV 三相无载调压	台	1330
10	汽机主变压器	200MVA，220kV 三相无载调压	台	870

5.3.2 建筑材料价格（表24）

表 24 燃气－蒸汽联合循环机组工程建筑材料价格表

序号	项目名称	单位	实际单价（不含税）
1	水泥	元 /t	398
2	钢筋	元 /t	3996
3	型钢	元 /t	4118
4	钢板	元 /t	4157

5.4 燃气－蒸汽联合循环机组工程基本技术组合方案

5.4.1 2×800MW等级燃气机组（9H）基本技术组合方案（表25）

表 25 2×800MW 等级燃气机组（9H）基本技术组合方案表

序号	系统项目名称	方案技术说明
一	热力系统	（1）容量等级：800MW，一拖一单轴，2 套； （2）燃气轮机：9H 型，燃用天然气，2 台，单套联合循环总出力，ISO 工况 823.28MW； （3）余热锅炉：卧式、自然循环、三压、再热、无补燃，室外露天布置，炉顶设置防雨罩，2 台； （4）蒸汽轮机：三压、再热、抽凝式、高中压合缸、水平侧排汽轮机； （5）发电机：SGen5-2000H，额定功率 820MW，额定功率因数 0.8，额定电压 22kV，静态励磁，2 台，全氢冷； （6）高、低压主蒸汽及再热蒸汽系统按单元制设计； （7）每台机组设置 2×100% 电动调速高压给水泵（配“1 拖 2”变频器）、2×100% 中压给水泵和 2×100% 容量低压省煤器再循环泵； （8）主厂房区布置：燃机和汽轮机采用联合厂房布置方案，主厂房钢筋混凝土框排架结构，体积 188442m^3
二	天然气处理系统	（1）天然气处理系统范围：电厂围墙外 1m 天然气管道至厂区内天然气调压站至燃气轮机； （2）厂内设露天布置天然气调压站 1 座，天然气调压单元按单元制设计，每台燃机对应两个 100% 容量的调压支路（一运一备）
三	水处理系统	（1）锅炉补给水处理系统采用 2×35t/h 的全膜法处理设备，配置 2 座 1000m^2 除盐水箱； （2）凝结水精处理系统为每台机组设置 1 套 2×50% 体外再生高速混床设备，2 台机组公用 1 套体外再生装置
四	供水系统	（1）采用带有机力通风冷却塔的扩大单元制循环供水系统； （2）循环水管 DN2400 钢管，总长度约 1400m； （3）冷却塔：16 段逆流式机力通风冷却塔，单塔容量 5300m^3/h； （4）循环水泵房：循环水泵 4 台，循环水泵房 1 座； （5）补给水系统：给水泵 4 台，补给水管为 DN600 钢管
五	电气系统	（1）出线回路：2 回； （2）配电装置：500kV 屋内 GIS； （3）2 台发电机出口均装设断路器； （4）主变压器：1000MVA，500kV，三相式，双卷铜芯变压器 2 台
六	热工控制系统	（1）采用集中控制方式，两台联合循环机组及全厂辅助系统合用一个集中控制室，实现两机一控； （2）智能电厂：3000 万元基本方案
七	附属生产工程	（1）启动锅炉：50t/h 的燃气启动锅炉，1 台； （2）噪声治理：基本方案 3000 万元； （3）辅助及附属建筑物：生产行政综合楼面积为 2000m^2，运行及维护人员办公用房面积为 300m^2，检修间面积为 600m^2，一般材料库面积为 1000m^2，特种材料库面积为 500m^2，宿舍面积为 800m^2（夜班宿舍面积为 800m^2），食堂面积为 400m^2，警卫室面积为 70m^2（主警卫室面积为 50m^2，次警卫室面积为 20m^2）

续表

序号	系统项目名称	方案技术说明
八	交通运输工程	进厂公路：新建 210m

5.4.2 2×400MW等级燃气机组（9F）基本技术组合方案（表26）

表 26 2×400MW 等级燃气机组（9F）基本技术组合方案表

序号	系统项目名称	方案技术说明
一	热力系统	（1）容量等级：400MW，一拖一多轴，2 套； （2）燃气轮机：M701F4，9F 型，燃用天然气，2 台，单套联合循环总出力，ISO 工况 495.38MW； （3）余热锅炉：卧式、三压、再热、自然循环、无补燃，半露天布置，配 2 座烟囱，高度 80m； （4）蒸汽轮机：双缸、三压、再热、抽凝式汽轮机，向下排汽，主汽压力 14.1MPa，主汽 / 再热温度 563℃ /566℃； （5）燃机发电机：QFR-340-2-16，额定功率 336.6MW； （6）汽轮发电机：QF-165-2-15.75，额定功率 158.3MW； （7）主厂房区布置：联合中位大平台厂房镜像布置，燃机房和汽机房采用混凝土 + 钢次梁结构，体积 206856m^3
二	天然气处理系统	天然气处理系统范围：电厂围墙外 1m 天然气管道至厂区内天然气调压站至燃气轮机
三	水处理系统	锅炉补给水处理系统设计出力为 528m^3/h，4×176t/h 的全膜法处理系统
四	供水系统	（1）采用一机配两泵扩大单元制供水方式； （2）循环水压力供水管采用一机一管，压力供水管道采用 DN2000 钢管； （3）循环水泵房：循环水泵 4 台，循环水泵房 1 座； （4）补给水系统：给水泵 3 台，补给水管为 DN400 钢管
五	电气系统	（1）出线回路：2 回； （2）配电装置：220kV 屋内 GIS； （3）燃机发电机出口装设断路器，汽机发电机出口不装设断路器； （4）主变压器：燃机主变压器型号为 SF10-410000/220； （5）汽机主变压器型号为 SFP10-200000/220（原则上应与机组容量匹配）
六	热工控制系统	（1）采用集中控制方式，两台联合循环机组及全厂辅助系统合用一个集中控制室，实现两机一控； （2）智能电厂：3000 万元基本方案
七	附属生产工程	（1）启动锅炉：20t/h 的燃气启动锅炉，1 台； （2）噪声治理：基本方案 2300 万元； （3）辅助及附属建筑物：生产行政综合楼面积为 2000m^2，运行及维护人员办公用房面积为 300m^2，检修间面积为 600m^2，一般材料库面积为 1000m^2，特种材料库面积为 500m^2，宿舍面积为 800m^2（夜班宿舍面积为 800m^2），食堂面积为 400m^2，警卫室面积为 70m^2（主警卫室面积为 50m^2，次警卫室面积为 20m^2）
八	交通运输工程	进厂公路：新建 90m

附录 A　2×350MW 机组基本方案概算表

表 A.1　2×350MW 机组发电工程汇总概算表

单位：万元

序号	工程或费用名称	建筑工程费	设备购置费	安装工程费	其他费用	合计	各项占静态投资比例（%）	单位投资（元/kW）
一	主辅生产工程	60763	127232	47408	2473	237876	75.82	3400
（一）	热力系统	19267	83655	24729		127651	40.69	1824
（二）	燃料供应系统	13747	5702	915		20364	6.49	291
（三）	除灰系统	1703	2101	376		4180	1.33	60
（四）	水处理系统	4023	4369	1327		9719	3.10	139
（五）	供水系统	7373	829	1986		10188	3.25	146
（六）	电气系统	567	12230	7553		20350	6.49	291
（七）	热工控制系统		7970	5685		13655	4.35	195
（八）	脱硫系统	986	4348	2346	1620	9300	2.96	133
（九）	脱硝系统	360	3589	2002	853	6804	2.17	97
（十）	附属生产工程	12737	2439	489		15665	4.99	224
二	与厂址有关的单项工程	21308	500	3545	0	25353	8.08	361
（一）	交通运输工程	12402				12402	3.95	177
（二）	储灰场、防浪堤、填海、护岸工程	1200	111	29		1340	0.43	19
（三）	水质净化工程					0		

续表

序号	工程或费用名称	建筑工程费	设备购置费	安装工程费	其他费用	合计	各项占静态投资比例（%）	单位投资（元 /kW）
（四）	补给水工程	3242	389	3516		7147	2.28	102
（五）	地基处理	3597				3597	1.15	51
（六）	厂区、施工区土石方工程	352				352	0.11	5
（七）	临时工程（建筑安装工程取费系数以外的项目）	515				515	0.16	7
三	编制基准期价差	6001		1564		7565	2.42	108
四	其他费用	0	0	0	33800	33800	10.77	483
（一）	建设场地征用及清理费				8581	8581		
（二）	项目建设管理费				8515	8515		
（三）	项目建设技术服务费				10423	10423		
（四）	整套启动试运费				2566	2566		
（五）	生产准备费				3515	3515		
（六）	大件运输措施费				200	200		
五	基本预备费				9138	9138	2.91	131
六	特殊项目					0		
	工程静态投资	88072	127732	52517	45411	313732	100	4482
	各项占静态投资的比例（%）	28	41	17	14	100		
	各项静态单位投资（元 /kW）	1258	1825	750	649	4482		

表 A.2　2×350MW 机组建筑工程汇总概算表

单位：元

序号	工程或费用名称	设备费	建筑费	其中：人工费	合计	技术经济指标		
						单位	数量	指标
一	主辅生产工程	17005570	590625531	74907239	607631101			
（一）	热力系统	6638586	186029478	24347238	192668064			
1	主厂房本体及设备基础	6638586	140396484	18436598	147035070			
1.1	主厂房本体	5284670	90153476	11990860	95438146	元 /m^3	260586	366
1.1.1	基础结构		9128030	1769965	9128030			
1.1.2	框架结构		31128983	3513783	31128983			
1.1.3	煤斗		5261431	757864	5261431			
1.1.4	运转层平台		11533344	956792	11533344			
1.1.5	地面及地下设施		4246396	808172	4246396			
1.1.6	屋面结构		10259287	1079070	10259287			
1.1.7	围护及装饰工程		13259382	1968361	13259382			
1.1.8	固定端		210490	28427	210490			
1.1.9	扩建端		210490	28427	210490			
1.1.10	给排水、采暖、通风及空调、照明、锅炉房负压清扫系统	5284670	4915643	1079999	10200313			
1.2	集中控制楼	803916	7008766	1254094	7812682	元 /m^3	16323	479
1.2.1	一般土建		6140899	1003340	6140899			
1.2.2	上下水、采暖、通风、照明	803916	867867	250754	1671783			
1.3	锅炉紧身封闭		11666294	1726379	11666294	元 / 座	2	5833147
1.4	锅炉电梯井		2001025	111954	2001025	元 / 座	2	1000513
1.5	锅炉基础		4928196	613274	4928196	元 / 座	2	2464098

续表

序号	工程或费用名称	设备费	建筑费	其中：人工费	合计	技术经济指标		
						单位	数量	指标
1.6	汽轮发电机基础	400000	10502523	988770	10902523	元 / 座	2	5451262
1.7	主厂房附属设备基础	150000	5474057	536854	5624057	元 / 座	2	2812029
1.8	送（一次）风机房或起吊架	0	8662147	1214413	8662147	元 /m^3	15876	546
1.8.1	一般土建		8100325	1065044	8100325			
1.8.2	上下水、采暖、通风、照明		561822	149369	561822			
2	除尘排烟系统	0	37430726	4464779	37430726			
2.1	除尘器基础及小间	0	4356843	614708	4356843	元 /m^3	23654	184
2.1.1	一般土建		3912296	498803	3912296			
2.1.2	采暖、照明		444547	115905	444547			
2.2	水平烟道及支架		444221	62134	444221			
2.3	引风机室	0	5602780	910022	5602780	元 /m^3	15238	368
2.3.1	一般土建		5063536	766655	5063536			
2.3.2	给排水、采暖、通风及空调、照明		539244	143367	539244			
2.4	烟囱	0	27026882	2877915	27026882	元 / 座	1	27026882
2.4.1	烟囱基础		2724863	295710	2724863			
2.4.2	烟囱筒身		10723419	1532355	10723419			
2.4.3	烟囱内筒、内衬及其他	0	13578600	1049850	13578600			
2.4.3.1	钢结构内衬		10008421	502032	10008421			
2.4.3.2	其他结构		3570179	547818	3570179			
3	热网系统建筑	0	8202268	1445861	8202268			
3.1	热网首站	0	6600694	897733	6600694	元 /m^3	16969	389

续表

序号	工程或费用名称	设备费	建筑费	其中：人工费	合计	技术经济指标		
						单位	数量	指标
3.1.1	一般土建		6280594	827405	6280594			
3.1.2	小专业		320100	70328	320100			
3.2	热网系统管道建筑		1601574	548128	1601574	元 /m	2800	572
（二）	燃料供应系统	1743600	135729064	18244971	137472664			
1	燃煤系统	1736950	131888718	17708999	133625668			
1.1	轨道衡室	7000	301021	45802	308021	元 /m^3	300	1027
1.2	翻车机室（含配电间）	675000	15974444	2263126	16649444	元 /m^3	21900.5	760
1.2.1	一般土建		15149495	2068930	15149495			
1.2.2	给排水、采暖、通风、照明、除尘	675000	824949	194196	1499949			
1.3	翻车机室外部分		4254708	367046	4254708			
1.4	斗轮机基础		14270236	1573177	14270236			
1.5	尾部驱动站		3334005	512341	3334005	元 /m^3	1361	2450
1.6	储煤场	0	26485490	2727476	26485490	元 /m^3	20000	1324
1.6.1	一般土建		16286823	2159696	16286823			
1.6.2	钢结构		10198667	567780	10198667			
1.7	地下煤斗		1943398	276011	1943398	元 /m^3	1496	1299
1.8	地下输煤道	0	8129548	1080338	8129548	元 /m	154	52789
1.8.1	C–1 地下廊道		3945130	521660	3945130	元 /m	41	96223
1.8.2	C–2 地下廊道		1972868	267879	1972868	元 /m	37	53321
1.8.3	C–3 地下廊道		895315	117567	895315	元 /m	22	40696
1.8.4	C–6 地下廊道		1316235	173232	1316235	元 /m	54	24375

续表

序号	工程或费用名称	设备费	建筑费	其中：人工费	合计	技术经济指标		
						单位	数量	指标
1.9	输煤栈桥	0	14483553	2198030	14483553	元 /m	440	32917
1.9.1	C–3 输煤栈桥		867503	146054	867503	元 /m	39	22244
1.9.2	C–4 输煤栈桥		962940	156631	962940	元 /m	29	33205
1.9.3	C–7 输煤栈桥（砼柱 + 钢桁架）		7938177	1182022	7938177	元 /m	226	35125
1.9.4	C–9 输煤栈桥（砼柱 + 钢桁架）		3779354	560869	3779354	元 /m	93	40638
1.9.5	C–11 输煤栈桥		541395	85968	541395	元 /m	26	20823
1.9.6	C–12 输煤栈桥		394184	66486	394184	元 /m	27	14599
1.10	转运站	256000	28814362	4358933	29070362	元 /m^3	40597	716
1.10.1	T1 半地下转运站		9151249	1128806	9151249	元 /m^3	7405	1236
1.10.2	T2 半地下转运站		3216810	477118	3216810	元 /m^3	3901	825
1.10.3	T3 转运站		2388601	423539	2388601	元 /m^3	4651	514
1.10.4	T4 半地下转运站		4373334	730618	4373334	元 /m^3	8100	540
1.10.5	T5 半地下转运站		3193492	510778	3193492	元 /m^3	4916	650
1.10.6	T6 半地下转运站		3364900	555099	3364900	元 /m^3	6210	542
1.10.7	T7 转运站		1942708	332586	1942708	元 /m^3	3969	489
1.10.8	T9 转运站		1183268	200389	1183268	元 /m^3	1436	824
1.10.9	转运站通风设备	256000			256000			
1.11	碎煤机室	685050	7364995	1168479	8050045	元 /m^3	11737	686
1.12	采光室		1097983	198490	1097983	元 /m^3	1361	807
1.13	拉紧小间		761068	119858	761068	元 /m^3	1254	607
1.14	推煤机库		1497066	233296	1497066	元 /m^3	3168	473

续表

序号	工程或费用名称	设备费	建筑费	其中：人工费	合计	技术经济指标		
						单位	数量	指标
1.15	输煤综合楼	112100	2129758	370236	2241858	元 /m^3	4000	560
1.16	输煤冲洗水泵房	1800	604191	96180	605991	元 /m^3	890	681
1.17	输煤冲洗水沉淀池		48100	9817	48100	元 / 座	1	48100
1.18	原煤场喷水抑尘系统		286914	80206	286914	元 / 套	1	286914
1.19	输煤除尘用水加压抑尘系统		107878	30157	107878	元 / 套	1	107878
2	燃油系统	6650	3840346	535972	3846996			
2.1	卸油栈台及设施		319544	40042	319544	元 /m	73	4377
2.2	燃油泵房	6650	586936	101244	593586	元 /m^3	1357	437
2.3	燃料油罐区建筑	0	1241875	145831	1241875			
2.3.1	钢油罐基础及防火墙		1241875	145831	1241875	元 / 座	2	620938
2.4	油管沟道及支架	0	1691991	248855	1691991			
2.4.1	油管支架		1691991	248855	1691991	元 / 项	1	1691991
（三）	除灰系统	24000	17008017	2577356	17032017			
1	厂内除渣系统（干除渣）	12000	2335192	332903	2347192	元 /kW		
1.1	渣仓及渣仓小间	12000	2335192	332903	2347192	元 / 座	2	1173596
2	除灰系统（气力除灰）	12000	14672825	2244453	14684825	元 /kW	700000	21
2.1	气化风机室	12000	911452	135200	923452	元 /m^3	1301.12	710
2.2	干灰库（直径 12m，高度 29.2m）		9145852	1371803	9145852	元 / 座	3	3048617
2.3	室外除灰管道支墩		2082450	306283	2082450	元 / 个	40	52061
2.4	除灰综合楼		2533071	431167	2533071	元 /m^3	6367.9	398
（四）	水处理系统	354784	39879371	5592911	40234155			

续表

序号	工程或费用名称	设备费	建筑费	其中：人工费	合计	技术经济指标		
						单位	数量	指标
1	锅炉补给水处理系统	267784	11293183	1809890	11560967	元 /kW	700000	17
1.1	化学水处理站	267784	8251966	1469246	8519750	元 /m^3	18900	451
1.2	室外构筑物		3041217	340644	3041217			
2	凝结水精处理系统	63000	3803454	513982	3866454	元 /kW	700000	6
2.1	凝结水精处理室	63000	3439191	467652	3502191	元 /m^3	5647.5	620
2.2	凝结水室外构筑物	0	364263	46330	364263			
2.2.1	凝结水箱基础		255833	30131	255833	元 / 座	2	127917
2.2.2	废水池（凝结水处理）		108430	16199	108430			
3	循环水处理系统	24000	1260784	202490	1284784	元 /kW	700000	2
3.1	循环水加药间	12000	630392	101245	642392	元 /m^3	809	794
3.2	循环水加氯间	12000	630392	101245	642392	元 /m^3	809	794
4	再生水处理系统	0	23521950	3066549	23521950	元 /kW	700000	34
4.1	再生水深度处理站		14627678	1937502	14627678	元 /m^3	27137	539
4.2	澄清池		7686256	957523	7686256	元 / 座	3	2562085
4.3	过滤器基础		591971	61364	591971			
4.4	沟道		616045	110160	616045			
（五）	供水系统	114600	73614714	10293053	73729314			
1	凝汽器冷却系统（二次循环水冷却）	114600	73614714	10293053	73729314	元 /kW	700000	105
1.1	循环水泵房	114600	10227774	1280668	10342374	元 /m^3	17817	580
1.2	前池滤网间		309339	33085	309339	元 / 座	1	309339
1.3	阀门小间		171428	23649	171428	元 /m^3	261	657

续表

序号	工程或费用名称	设备费	建筑费	其中：人工费	合计	技术经济指标		
						单位	数量	指标
1.4	冷却塔（5000m^2，2 座）	0	60390952	8551384	60390952	元 /m^2	10000	6039
1.4.1	冷却塔水池底板及基础		13814868	1741529	13814868			
1.4.2	冷却塔筒体		27113005	4338401	27113005			
1.4.3	冷却塔支柱、基础		2822817	393867	2822817			
1.4.4	冷却塔淋水、配水装置		16640262	2077587	16640262			
1.5	挡风板		232962	28557	232962	元 /m^3	853.2	273
1.6	前池水回水沟		1057656	111005	1057656	元 /m	18	58759
1.7	循环水管道建筑		1204098	258978	1204098	元 /m	970	1241
1.8	循环水井池	0	20505	5727	20505			
1.8.1	排污溢流井		20505	5727	20505	元 / 座	1	20505
（六）	电气系统	5000	5667839	620609	5672839			
1	变配电系统建筑	0	5135776	534193	5135776			
1.1	汽机房 A 排外构筑物		3322017	373083	3322017			
1.2	220kV 国产 GIS 配电装置		1505205	133791	1505205	元 / 座		
1.3	全厂独立避雷针		308554	27319	308554	元 / 座	1	308554
2	控制系统建筑	5000	532063	86416	537063			
2.1	220kV 保护小室	5000	532063	86416	537063	元 /m^3	683	786
（七）	脱硫系统		9855000		9855000			
（八）	脱硝系统		3595000		3595000			
（九）	附属生产工程	8125000	119247048	13231101	127372048			
1	辅助生产工程	24400	15290395	2143019	15314795			

续表

序号	工程或费用名称	设备费	建筑费	其中：人工费	合计	技术经济指标		
						单位	数量	指标
1.1	空压机室（含集中制冷站）		1467609	217039	1467609	元 /m^3	3224	455
1.2	制（储）氢站	7500	504925	92499	512425	元 /m^2	200	2562
1.3	绝缘油室		103557	14718	103557	元 / 座	1	103557
1.4	检修间		3000000		3000000	元 /m^2	1200	2500
1.5	启动锅炉房		5777856	906205	5777856	元 /m^3	18000	321
1.6	综合水泵房	16900	4436448	912558	4453348	元 /m^3	6714	663
2	附属生产建筑	0	23368089	196904	23368089			
2.1	生产行政综合楼		11900000		11900000	元 /m^2	3400	3500
2.2	运行及维护人员办公用房		3600000		3600000	元 /m^2	1200	3000
2.3	一般材料库		5000000		5000000	元 /m^2	2000	2500
2.4	特种材料库		1250000		1250000	元 /m^2	500	2500
2.5	警卫传达室		270000		270000	元 /m^2	90	3000
2.6	排水泵房		1348089	196904	1348089	元 /m^3	2515	536
3	环境保护设施	16100	28517115	1579945	28533215			
3.1	废水贮存槽		3943732	558996	3943732	元 / 座	1	3943732
3.2	机组排水槽		525387	115047	525387	元 / 座	1	525387
3.3	工业废水处理站	7950	1338964	213392	1346914	元 /m^3	750	1796
3.4	生活污水处理设施	0	90147	10307	90147			
3.4.1	生活污水处理设备基础		90147	10307	90147			
3.5	油污水处理	0	182703	27935	182703			
3.5.1	一般设备基础		15768	1737	15768	元 / 座	1	15768

续表

序号	工程或费用名称	设备费	建筑费	其中：人工费	合计	技术经济指标		
						单位	数量	指标
3.5.2	地下污水池		166935	26198	166935	元 / 座	1	166935
3.6	含煤废水处理站	6700	810537	149998	817237			
3.6.1	含煤废水处理站	6700	802335	147707	809035	元 /m^3	2543	318
3.6.2	检查井		8202	2291	8202	元 / 座	2	4101
3.7	煤场雨水澄清池		1455222	199840	1455222	元 / 座	2	727611
3.8	污泥泵房	1450	272337	39353	273787	元 /m^3	337	812
3.9	污水回收泵房		1350934	197239	1350934	元 /m^3	2515.59	537
3.10	中和池		547152	67838	547152	元 / 座	1	547152
3.11	厂区绿化		3000000		3000000			
3.12	降噪费用		15000000		15000000			
4	消防系统	8084500	5829419	903010	13913919			
4.1	消防 / 服务水水池		1531329	215142	1531329	元 / 座	4	382832
4.2	厂区消防管路		893376	183016	893376			
4.3	特殊消防系统	8084500	3404714	504852	11489214	元 /kW	700000	16
4.3.1	主厂房消防灭火	6058000	1250885	208527	7308885			
4.3.2	输煤系统消防灭火	1282000	1247875	174718	2529875			
4.3.3	燃油系统消防灭火	129000	472839	72642	601839			
4.3.4	变压器系统消防灭火	217000	407118	46885	624118			
4.3.5	电缆沟消防	38500	25997	2080	64497			
4.3.6	移动消防	360000			360000			
5	厂区性建筑	0	36018961	8193257	36018961			

续表

序号	工程或费用名称	设备费	建筑费	其中：人工费	合计	技术经济指标		
						单位	数量	指标
5.1	厂区道路及广场		7259670	1160119	7259670	元 /m^2	30000	242
5.2	围墙及大门		5338644	1224686	5338644	元 /m	9243.28	578
5.3	厂区管道支架		9371026	1378272	9371026	元 /m	1200	7809
5.4	厂区沟道、隧道		4641817	1020283	4641817	元 /m	5303	875
5.5	生活给排水		2417552	885094	2417552	元 /m	8275	292
5.6	厂区雨水管道		4779885	1831462	4779885	元 /m	5496	870
5.7	厂外排水管道		1164862	201784	1164862	元 /m	1000	1165
5.8	厂区工业废水系统管道		1045505	491557	1045505	元 /m	2000	523
6	厂区采暖（制冷）工程	0	923069	214966	923069			
6.1	厂区采暖管道及建筑		923069	214966	923069	元 /t	60	15384
7	厂前公共福利工程	0	9300000	0	9300000			
7.1	职工食堂		3000000		3000000	元 /m^2	1000	3000
7.2	宿舍楼		6300000		6300000	元 /m^2	2100	3000
二	与厂址有关的单项工程	148624	212930309	12600042	213078933			
（一）	交通运输工程	0	124016024	2255786	124016024			
1	铁路	0	109900000	0	109900000			
1.1	厂内铁路		9900000		9900000	元 /km	3.3	3000000
1.2	厂外铁路		100000000		100000000	元 /km	10	10000000
2	厂外公路	0	14116024	2255786	14116024			
2.1	进厂公路		5646409	902314	5646409	元 /km	2	2823205
2.2	运灰公路		8469615	1353472	8469615	元 /km	5	1693923

续表

序号	工程或费用名称	设备费	建筑费	其中：人工费	合计	技术经济指标		
						单位	数量	指标
（二）	储灰场、防浪堤、填海、护岸工程	0	12000005	1641842	12000005			
1	灰（坝）场	0	12000005	1641842	12000005			
1.1	灰坝		1971364	278175	1971364			
1.2	灰场防渗系统		2780644	295200	2780644			
1.3	灰场排水盲沟		151937	16613	151937			
1.4	场内排水卧管		3909061	715567	3909061			
1.5	出水沟		750672	156558	750672			
1.6	灰场场内运灰道路		422510	77392	422510			
1.7	灰场管理站	0	1413817	102337	1413817			
1.7.1	车库、办公室、值班室		900000		900000	元 /m^2	300	3000
1.7.2	站区围墙		223430	55932	223430	元 /m	368	607
1.7.3	室外地坪		290387	46405	290387			
1.8	灰场防护林		600000		600000			
（三）	补给水工程	27300	32394653	5949557	32421953			
1	中水补给水系统	4900	12793812	2039917	12798712			
1.1	中水供水管道建筑 1 × DN700		1479494	427350	1479494	元 /m	5000	296
1.2	补给水泵房	4900	7034248	1024802	7039148	元 /m^3	11301	623
1.3	蓄水池		4280070	587765	4280070	元 / 座	1	4280070
2	备用补给水系统	22400	19600841	3909640	19623241			
2.1	自流引水管土建		877544	218224	877544	元 /m	630	1393
2.2	补给水泵房	4900	7038881	1025212	7043781	元 /m^3	11301	623

续表

序号	工程或费用名称	设备费	建筑费	其中：人工费	合计	技术经济指标		
						单位	数量	指标
2.3	补给水管线		9936917	2354778	9936917	元 /m	15000	662
2.4	补给水检修道路		829677	132585	829677	元 /m^2	4000	207
2.5	管理宿舍	17500	724019	130431	741519	元 /m^2	300	2472
2.6	围墙		193803	48410	193803	元 /m	220	881
（四）	地基处理	0	35966214	1782728	35966214			
1	热力系统		18752378	741767	18752378			
2	燃料供应系统		5501948	336288	5501948			
3	除灰系统		791620	31313	791620			
4	水处理系统		1165505	257901	1165505			
5	供水系统		7392209	292405	7392209			
6	电气系统		2096881	108948	2096881			
7	附属生产工程		265673	14106	265673			
（五）	厂区、施工区土石方工程	0	3523438	106000	3523438			
1	生产区土石方工程		3523438	106000	3523438	元 /m^3	200000	18
（六）	临时工程（建筑安装工程取费系数以外的项目）	121324	5029975	864129	5151299			
1	施工电源		485342		485342	元 / 项	1	485342
2	施工水源	121324	683673	274396	804997	元 /km	3.73	215817
3	施工道路		2301780	369427	2301780	元 /km	3.73	617099
4	施工通信线路		100000		100000			
5	施工降水		1459180	220306	1459180			
	合计	17154194	803555840	87507281	820710034			

表 A.3　2×350MW 机组安装工程汇总概算表

单位：元

序号	工程或费用名称	设备购置费	安装工程费				合计	技术经济指标		
			装置性材料费	安装费	其中：人工费	小计		单位	数量	指标
一	主辅生产工程	1272323875	223562036	250520504	43335924	474082540	1746406415			
（一）	热力系统	836550788	112111089	135174720	22886933	247285809	1083836597			
1	锅炉机组	492742583	22341311	81830771	12865037	104172082	596914665	元 /kW	700000	853
1.1	锅炉本体	357177000	4884764	59487956	8467995	64372720	421549720	元 / 台（炉）	2	210774860
1.1.1	组合安装	357177000		53289801	8159492	53289801	410466801			
1.1.2	分部试验及试运		4884764	6198155	308503	11082919	11082919			
1.2	风机	16152280		1821826	435231	1821826	17974106	元 / 台（炉）	2	8987053
1.3	除尘装置	60420000		11350698	2391693	11350698	71770698	元 / 台（炉）	2	35885349
1.4	制粉系统	41689800		1454813	371760	1454813	43144613			
1.5	烟风煤管道		17104382	6107323	867543	23211705	23211705	t	1859.605	12482
1.6	锅炉其他辅机	17303503	352165	1608155	330815	1960320	19263823	元 / 台（炉）	2	9631912
2	汽轮发电机组	326097854	231724	13513347	2843452	13745071	339842925	元 /kW	700000	485
2.1	汽轮发电机本体	224466750		8594751	1766807	8594751	233061501	元 / 台（机）	2	116530751
2.2	汽轮发电机辅助设备	61176458		3550536	805253	3550536	64726994	元 / 台（机）	2	32363497
2.3	旁路系统	4430800		160100	13880	160100	4590900	元 /kW	700000	6.6
2.4	除氧给水装置	31736612		847220	183540	847220	32583832	元 /kW	700000	47
2.5	汽轮机其他辅机	4287234	231724	360740	73972	592464	4879698	元 / 台（机）	2	2439849
3	热力系统汽水管道	0	72811730	17355805	1887941	90167535	90167535	元 /t	1820	49543

续表

序号	工程或费用名称	设备购置费	安装工程费				合计	技术经济指标		
			装置性材料费	安装费	其中：人工费	小计		单位	数量	指标
3.1	主蒸汽、再热蒸汽及主给水管道	0	48618036	8516238	499533	57134274	57134274	元/t	810	70536
3.1.1	主蒸汽管道		18813686	3188510	179486	22002196	22002196	元/t	240	91676
3.1.2	热再热蒸汽管道		17127277	2542075	105398	19669352	19669352	元/t	234	84057
3.1.3	冷再热蒸汽管道		4010031	982205	83937	4992236	4992236	元/t	150	33282
3.1.4	主给水管道		8667042	1803448	130712	10470490	10470490	元/t	186	56293
3.2	中、低压汽水管道		24193694	8839567	1388408	33033261	33033261	元/t	1010	32706
4	热网系统设备及管道	17710351	8604045	2574633	385890	11178678	28889029	元/GJ		
4.1	热网设备	17710351		493244	98455	493244	18203595			
4.2	热网管道		8604045	2081389	287435	10685434	10685434	元/t	650	16439
5	热力系统保温及油漆	0	8122279	11917720	2512909	20039999	20039999	元/m^3	11603	1727
5.1	锅炉本体砌筑保温		3158058	4835172	999210	7993230	7993230	元/m^3	5393	1482
5.2	热力系统保温		4964221	7082548	1513699	12046769	12046769	元/m^3	6210	1940
6	调试工程	0	0	7982444	2391704	7982444	7982444	元/kW	700000	11
6.1	分系统调试			2386479	784364	2386479	2386479	元/kW	700000	3.4
6.2	整套启动调试			2581649	794204	2581649	2581649	元/kW	700000	3.7
6.3	特殊调试			3014316	813136	3014316	3014316	元/kW	700000	4.3
（二）	燃料供应系统	57021257	3665598	5487546	1236569	9153144	66174401			
1	输煤系统	56236129	2395422	4335130	1001540	6730552	62966681	元/kW	700000	90

续表

序号	工程或费用名称	设备购置费	安装工程费				合计	技术经济指标		
			装置性材料费	安装费	其中：人工费	小计		单位	数量	指标
1.1	卸煤系统	17468530		679121	174842	679121	18147651			
1.2	储煤系统	11740814	0	646416	142475	646416	12387230			
1.2.1	煤场机械	11740814		646416	142475	646416	12387230			
1.3	皮带机上煤系统	22993246	1471260	2007210	444583	3478470	26471716			
1.4	碎煤系统	2843466		219288	50672	219288	3062754			
1.5	水力清扫系统	1190073	924162	783095	188968	1707257	2897330			
2	燃油系统	785128	1270176	1152416	235029	2422592	3207720	元 /kW	700000	4.6
2.1	设备	785128		43514	12074	43514	828642			
2.2	管道	0	1186789	1019043	200320	2205832	2205832	元 /t	85	25951
2.2.1	油罐区管道		501584	258785	47102	760369	760369	元 /t	27	28162
2.2.2	厂区燃油管道		371074	409009	80142	780083	780083	元 /t	32	24378
2.2.3	锅炉房燃油管道		314131	351249	73076	665380	665380	元 /t	26	25592
2.3	保温油漆		83387	89859	22635	173246	173246	元 /m^3	100	1732
（三）	除灰系统	21010630	1459330	2300188	514515	3759518	24770148			
1	厂内除渣系统（干除渣）	9465800	204283	1011992	233027	1216275	10682075	元 /kW	700000	15
2	石子煤系统	583053	54828	126283	25602	181111	764164	元 /kW	700000	1.1
3	除灰系统（气力除灰）	10961777	1096552	1056324	229303	2152876	13114653	元 /kW	700000	19
3.1	除灰输送系统	10961777	1096552	1056324	229303	2152876	13114653			

续表

序号	工程或费用名称	设备购置费	安装工程费				合计	技术经济指标		
			装置性材料费	安装费	其中：人工费	小计		单位	数量	指标
3.1.1	设备	10961777		585121	144476	585121	11546898			
3.1.2	管道		1096552	471203	84827	1567755	1567755	元 /t	100	15678
4	保温油漆		103667	105589	26583	209256	209256	元 /m^3	100	2093
（四）	水处理系统	43693428	6278871	6995024	1558247	13273895	56967323			
1	锅炉补充水处理系统	12929578	2065414	2100435	382248	4165849	17095427	元 /t（水）		
1.1	设备	12929578		968870	161271	968870	13898448			
1.2	管道		2065414	1131565	220977	3196979	3196979	元 /t	95	33652
2	凝结水精处理系统	11580500	1558383	1067049	206777	2625432	14205932	元 /t（水）		
2.1	设备	11580500		70337	18763	70337	11650837			
2.2	管道		1558383	996712	188014	2555095	2555095	元 /t	60	42585
3	循环水处理系统	1238610	114920	264725	61546	379645	1618255	元 /kW	700000	2.3
4	给水炉水校正处理	825740	77248	224192	54072	301440	1127180	元 /kW	700000	1.6
5	汽水取样系统	2014000	209400	422756	87803	632156	2646156			
5.1	设备	2014000	209400	422756	87803	632156	2646156			
6	厂区管道		816680	374136	82647	1190816	1190816	元 /t	84	14176
7	保温油漆		264835	331319	83565	596154	596154	元 /m^3	500	1192
8	中水处理系统（石灰深度处理）	15105000	1171991	905011	192050	2077002	17182002	元 /t（水）	1500	11455
9	调试工程	0	0	1305401	407539	1305401	1305401	元 /kW	700000	1.9

续表

序号	工程或费用名称	设备购置费	安装工程费				合计	技术经济指标		
			装置性材料费	安装费	其中：人工费	小计		单位	数量	指标
9.1	分系统调试			711995	212275	711995	711995	元 /kW	700000	1
9.2	整套启动调试			593406	195264	593406	593406	元 /kW	700000	0.8
（五）	供水系统	8288214	12850290	7014466	965781	19864756	28152970			
1	凝汽器冷却系统	8288214	12850290	3126874	430754	15977164	24265378			
1.1	循环水泵房	8288214	2349398	466373	51518	2815771	11103985	元 / 座		
1.2	循环水管道		10500892	2660501	379236	13161393	13161393	元 /t	1475.52	8920
2	供水系统防腐			3887592	535027	3887592	3887592	元 /m^2	30555.97	127
（六）	电气系统	122296127	44857947	30672649	6726767	75530596	197826723			
1	发电机电气与引出线	694830	2945517	1202260	173566	4147777	4842607	元 /kW	700000	6.9
1.1	发电机电气与出线间	694830	403297	460178	82081	863475	1558305			
1.2	发电机引出线		2542220	742082	91485	3284302	3284302			
2	主变压器系统	38709809	0	672224	85785	672224	39382033	元 /kVA	1260000	31
2.1	主变压器	26489864		445848	52418	445848	26935712			
2.2	厂用高压变压器	12219945		226376	33367	226376	12446321			
3	配电装置	11280414	0	621402	112487	621402	11901816	元 /kW	700000	17
3.1	220kV 屋外配电装置模块 B（GIS）	11280414		621402	112487	621402	11901816			
4	主控及直流系统	21110627	0	799177	193733	799177	21909804	元 /kW	700000	31
4.1	集控楼（室）设备	5216260	0	248134	61762	248134	5464394			

续表

序号	工程或费用名称	设备购置费	安装工程费				合计	技术经济指标		
			装置性材料费	安装费	其中：人工费	小计		单位	数量	指标
4.1.1	厂用电监控系统	5216260		248134	61762	248134	5464394			
4.2	继电器楼设备	8579640	0	209206	52574	209206	8788846			
4.2.1	网络监控系统	1510500				0	1510500			
4.2.2	各种屏、台盘等			44704	10751	44704	44704			
4.2.3	系统继电保护	3776250		131990	34004	131990	3908240			
4.2.4	系统调度自动化	3292890		32512	7819	32512	3325402			
4.3	输煤集中控制	2537640		95220	25551	95220	2632860			
4.4	直流系统	4092327	0	222233	47982	222233	4314560			
4.4.1	单元直流系统	3482085		194491	41826	194491	3676576			
4.4.2	网络直流系统	610242		27742	6156	27742	637984			
4.5	其他控制系统	684760		24384	5864	24384	709144			
5	厂用电系统	45009276	3737272	7178580	1526618	10915852	55925128	元 /kW	700000	80
5.1	主厂房用电系统	27899942	1613188	4266339	908939	5879527	33779469			
5.1.1	高压厂用母线		1613188	447275	58996	2060463	2060463			
5.1.2	高压配电装置	12496870		672144	135603	672144	13169014	元 / 台	123	107065
5.1.3	低压配电装置	11328750		871365	200391	871365	12200115	元 / 台	210	58096
5.1.4	低压厂用变压器	1679676		40171	8586	40171	1719847			
5.1.5	机炉车间电气设备	149036		166700	38963	166700	315736			
5.1.6	电气除尘器电源装置	2245610		2068684	466400	2068684	4314294			

续表

序号	工程或费用名称	设备购置费	安装工程费				合计	技术经济指标		
			装置性材料费	安装费	其中：人工费	小计		单位	数量	指标
5.2	主厂房外车间厂用电	13097446	0	921687	212092	921687	14019133			
5.2.1	翻车机系统厂用电及控制	1883694		224699	54866	224699	2108393			
5.2.2	输煤系统厂用电	2964709		221680	50391	221680	3186389			
5.2.3	除灰系统厂用电及控制	1477068		84935	18978	84935	1562003			
5.2.4	水处理系统厂用电	2236346		159322	36460	159322	2395668			
5.2.5	循环水系统厂用电及控制	689795		42842	9576	42842	732637			
5.2.6	污水深度处理系统厂用电及控制	1083331		50469	11140	50469	1133800			
5.2.7	厂前区厂用电及控制	1405067		65339	14507	65339	1470406			
5.2.8	灰场厂用电及控制	310156		16277	3638	16277	326433			
5.2.9	启动锅炉房厂用电及控制	261820		14031	3134	14031	275851			
5.2.10	其他低压开关柜	785460		42093	9402	42093	827553			
5.3	事故保安电源装置	2819600		73403	21227	73403	2893003			
5.4	不停电电源装置	1107700		22377	4661	22377	1130077			
5.5	全厂行车滑线		271200	584032	147535	855232	855232	元 /m	2900	295
5.6	设备及构筑物照明	84588	1852884	1310742	232164	3163626	3248214			
5.6.1	锅炉本体照明	24168	467584	481421	106248	949005	973173	元 / 台	800	1216

续表

序号	工程或费用名称	设备购置费	安装工程费				合计	技术经济指标		
			装置性材料费	安装费	其中：人工费	小计		单位	数量	指标
5.6.2	电气除尘器照明		116896	120355	26562	237251	237251	元 / 台	200	1186
5.6.3	煤场照明	5035	742293	121345	6429	863638	868673	元 / 台	34	25549
5.6.4	厂区道路广场照明		526111	587621	92925	1113732	1113732	元 / 台	300	3712
5.6.5	检修电源	55385				0	55385			
6	电缆及接地	0	37610173	16748043	3585006	54358216	54358216	元 /kW	700000	78
6.1	电缆	0	31887002	10739228	1923399	42626230	42626230	元 /kW	700000	61
6.1.1	电力电缆		27896633	7161149	1055151	35057782	35057782	元 /m	248000	141
6.1.2	控制电缆		3990369	3578079	868248	7568448	7568448	元 /m	360000	21
6.2	桥架、支架		3240252	2947722	765958	6187974	6187974	元 /t	385	16073
6.3	电缆保护管		591800	57973		649773	649773	元 /t	75	8664
6.4	电缆防火		1094602	1556615	471576	2651217	2651217	元 /kW	700000	3.8
6.5	全厂接地	0	796517	1446505	424073	2243022	2243022			
6.5.1	接地		796517	1446505	424073	2243022	2243022			
7	厂内通信系统	5491171	564985	436786	95047	1001771	6492942	元 /kW	700000	9.3
7.1	行政与调度通信系统	2307037	408509	242460	51161	650969	2958006			
7.2	系统通信	3184134	156476	194326	43886	350802	3534936			
8	调试工程	0	0	3014177	954525	3014177	3014177	元 /kW	700000	4.3
8.1	分系统调试			1938673	627901	1938673	1938673	元 /kW	700000	2.8
8.2	整套启动调试			1075504	326624	1075504	1075504	元 /kW	700000	1.5

续表

序号	工程或费用名称	设备购置费	安装工程费				合计	技术经济指标		
			装置性材料费	安装费	其中：人工费	小计		单位	数量	指标
（七）	热工控制系统	79699255	22816685	34033889	8886548	56850574	136549829			
1	系统控制	56573500	0	5784862	1601706	5784862	62358362	元 /kW	700000	89
1.1	厂级监控系统	3000000				0	3000000	元 / 套	1	3000000
1.2	分散控制系统	8056000		4407514	1220347	4407514	12463514	元 / 点	16000	779
1.3	管理信息系统	8000000				0	8000000			
1.4	电厂智能化	30000000				0	30000000			
1.5	全厂闭路电视	3500000				0	3500000	元 / 点	350	10000
1.6	全厂门禁系统	1500000				0	1500000	元 / 点	150	10000
1.7	辅助车间集中控制网络	2517500		1377348	381359	1377348	3894848			
2	机组控制	18070615	175466	3864585	981655	4040051	22110666	元 /kW	700000	32
2.1	机组成套控制装置	2517500		3039257	787348	3039257	5556757			
2.2	现场仪表及执行机构	14284295				0	14284295			
2.3	电动门控制保护屏柜	1268820	175466	825328	194307	1000794	2269614			
3	辅助车间控制系统及仪表	5055140	50448	228776	57403	279224	5334364	元 /kW	700000	7.6
3.1	辅助车间自动控制装置	5055140	50448	228776	57403	279224	5334364			
3.1.1	凝结水精处理控制系统		13160	26360	6376	39520	39520			

续表

序号	工程或费用名称	设备购置费	安装工程费				合计	技术经济指标		
			装置性材料费	安装费	其中：人工费	小计		单位	数量	指标
3.1.2	汽水取样、加药控制系统	503500		66454	17210	66454	569954			
3.1.3	锅炉补给水处理系统仪表	956650	17547	35147	8501	52694	1009344			
3.1.4	除灰、除渣系统控制设备	503500				0	503500			
3.1.5	暖通空调系统热工控制	422940				0	422940			
3.1.6	循环水泵房就地控制设备	151050	4387	8787	2125	13174	164224			
3.1.7	生活污水处理系统控制设备			20425	5251	20425	20425			
3.1.8	综合给水泵房控制系统	251750	4387	8787	2125	13174	264924			
3.1.9	污水深度处理系统热工控制	201400	4387	8787	2125	13174	214574			
3.1.10	空压机控制系统	251750	4387	29211	7376	33598	285348			
3.1.11	工业废水处理系统	402800				0	402800			
3.1.12	燃油泵房控制系统	503500	2193	4393	1063	6586	510086			
3.1.13	启动锅炉控制系统	503500				0	503500			
3.1.14	辅助系统集中控制网络	402800		20425	5251	20425	423225			

续表

序号	工程或费用名称	设备购置费	安装工程费				合计	技术经济指标		
			装置性材料费	安装费	其中：人工费	小计		单位	数量	指标
4	电缆及辅助设施	0	22590771	20305716	4975826	42896487	42896487	元 /kW	700000	61
4.1	电缆		7747083	7349732	1795465	15096815	15096815	元 /m	709000	21
4.2	桥架、支架		2844438	2414626	612035	5259064	5259064	元 /t	313	16802
4.3	电缆保护管		724739	70996		795735	795735	元 /t	65	12242
4.4	电缆防火		1024534	1603824	496259	2628358	2628358	元 /kW	700000	3.8
4.5	其他材料		10249977	8866538	2072067	19116515	19116515	元 /kW	700000	27
5	调试工程	0	0	3849950	1269958	3849950	3849950	元 /kW	700000	5.5
5.1	分系统调试			2728966	898679	2728966	2728966	元 /kW	700000	3.9
5.2	整套启动调试			1120984	371279	1120984	1120984	元 /kW	700000	1.6
（八）	脱硫系统	43480000	10355497	13100338		23455835	66935835	元 /kW	700000	96
（九）	脱硝系统	35890000	6945669	13074331		20020000	55910000	元 /kW	700000	80
（十）	附属生产工程	24394176	2221060	2667353	560564	4888413	29282589			
1	辅助生产工程	12652915	995356	1546670	329542	2542026	15194941			
1.1	空压机站	1732040	246096	214995	47633	461091	2193131			
1.2	制（储）氢站	2114700	99165	147618	34442	246783	2361483			
1.3	油处理系统	422940	14659	26692	6908	41351	464291	元 /kW	700000	0.7
1.4	车间检查设备	604200		79320	22850	79320	683520			
1.5	启动锅炉房	6042000	541390	968883	191886	1510273	7552273	元 / 台（炉）	2	3776137
1.5.1	锅炉本体及辅助设备	6042000		600237	118116	600237	6642237	元 / 台（炉）	2	3321119

续表

序号	工程或费用名称	设备购置费	安装工程费				合计	技术经济指标		
			装置性材料费	安装费	其中：人工费	小计		单位	数量	指标
1.5.2	烟风煤（或油）管道		160144	117101	22862	277245	277245	元 /t	20	13862
1.5.3	汽水管道	0	312163	171218	33391	483381	483381			
1.5.3.1	启动锅炉房汽水管道		312163	171218	33391	483381	483381			
1.5.4	保温油漆		69083	80327	17517	149410	149410			
1.6	综合水泵房	1737035	94046	109162	25823	203208	1940243			
1.6.1	设备	1737035	37261	81492	20289	118753	1855788			
1.6.2	管道		56785	27670	5534	84455	84455	元 /t	6.778	12460
2	附属生产安装工程	4600000	0	0	0	0	4600000			
2.1	试验室设备	4600000	0	0	0	0	4600000	元 /kW	700000	6.6
2.1.1	化学试验室	1000000				0	1000000			
2.1.2	金属试验室	600000				0	600000			
2.1.3	热工试验室	1000000				0	1000000			
2.1.4	电气试验室	1000000				0	1000000			
2.1.5	环保试验室	600000				0	600000			
2.1.6	安全试验室	400000	0	0	0	0	400000			
2.1.6.1	安全试验室	50000				0	50000			
2.1.6.2	劳保监测站、安全教育室	350000				0	350000			
3	环境保护与监测装置	5020519	1167059	1075285	220337	2242344	7262863	元 /kW	700000	10

续表

序号	工程或费用名称	设备购置费	安装工程费				合计	技术经济指标		
			装置性材料费	安装费	其中：人工费	小计		单位	数量	指标
3.1	机组排水槽	200997	74051	45219	9289	119270	320267			
3.2	含油污水处理	173204	55881	99553	17827	155434	328638			
3.3	工业废水处理	3524500	732677	699544	152052	1432221	4956721			
3.4	生活污水处理	245728		103833	21041	103833	349561			
3.5	含煤废水处理	704900	304450	119901	18126	424351	1129251			
3.6	复用水系统	171190		7235	2002	7235	178425			
4	雨水泵房	2120742	58645	45398	10685	104043	2224785			
4.1	设备	2120742		30202	8408	30202	2150944			
4.2	管道		58645	15196	2277	73841	73841			
二	与厂址有关的单项工程	4998701	19792767	15658804	2783022	35451571	40450272			
（一）	储灰场、防浪堤、填海、护岸工程	1110686	176018	113453	23311	289471	1400157			
1	灰场机械及灰场灰渣管道	1110686				0	1110686			
2	灰场喷洒水系统管道		176018	113453	23311	289471	289471	元/t	21.01	13778
（二）	补给水工程	3888015	19616749	15545351	2759711	35162100	39050115			
1	补给水系统	3888015	324745	404849	88132	729594	4617609			
1.1	补给水取水泵房	3888015	324745	404849	88132	729594	4617609	元/座		
1.1.1	公用水系统	111765	163685	62965	11186	226650	338415			

续表

序号	工程或费用名称	设备购置费	安装工程费				合计	技术经济指标		
			装置性材料费	安装费	其中：人工费	小计		单位	数量	指标
1.1.1.1	设备	111765		5715	1602	5715	117480			
1.1.1.2	管道		163685	57250	9584	220935	220935	元 /t		
1.1.2	补给水泵房设备	1888125	80530	170942	38473	251472	2139597			
1.1.3	备用水补给水设备	1888125	80530	170942	38473	251472	2139597			
2	补给水管道	0	19292004	7467957	1331333	26759961	26759961			
2.1	厂外补给水管道	0	19250115	7420145	1320400	26670260	26670260			
2.1.1	厂外中水补给水管道		4812529	1855036	330100	6667565	6667565			
2.1.2	厂外备用水补给水管道		14437586	5565109	990300	20002695	20002695			
2.2	厂区补给水管道		41889	47812	10933	89701	89701			
3	管道防腐			7672545	1340246	7672545	7672545			
	合计	1277322576	243354803	266179308	46118946	509534111	1786856687			

表 A.4　2×350MW 机组其他费用概算表

单位：元

序号	工程或费用名称	编制依据及计算说明	合价
（一）	建设场地征用及清理费		85811578
1	场区征用费	$26hm^2$×15 亩 /hm^2×12 万元 / 亩	46800000
2	补给水泵房征地费	6 亩 ×12 万元 / 亩	720000
3	厂外补给水管线征地费	59 亩 ×12 万元 / 亩	7080000
4	水源地道路征地费	113 亩 ×12 万元 / 亩	13560000
5	运灰道路征地费	5000×9/10000×15 亩 ×12 万元 / 亩	8100000
6	灰场征地费	$2hm^2$×15 亩 /hm^2×7 万元 / 亩	2100000
7	灰场管理站征地费	600/10000×15 亩 ×7 万元 / 亩	63000
8	拆迁赔偿费	200×10000	2000000
9	施工租地费	$20hm^2$×15 亩 /hm^2×5000 元 /（亩·年）×3 年	4500000
10	水土保持补偿费	（26×15+6+59+113+4.5×15+2×15+0.06×15）亩 ×666.7m^2/ 亩 ×2 元 /m^2	888578
（二）	项目建设管理费		85151205
1	项目法人管理费	（建筑工程费 + 安装工程费）×4.1%	50801658
2	招标费	（建筑工程费 + 安装工程费 + 设备购置费）×0.44%	10722855
3	工程监理费	（建筑工程费 + 安装工程费）×1.03%	12762368
4	设备材料监造费	（设备购置费 + 装置性材料费）× 0.36%	5126373
5	施工过程造价咨询及竣工结算审核费	（建筑工程费 + 安装工程费）×0.26%	3221569
6	工程保险费	（建筑工程费 + 安装工程费 + 设备购置费）×0.1%	2516382
（三）	项目建设技术服务费		104233720

续表

序号	工程或费用名称	编制依据及计算说明	合价
1	项目前期工作费	（建筑工程费 + 安装工程费）×2.31%	28622398
2	知识产权转让与研究试验费	试桩费	1000000
3	设备成套技术服务费	设备购置费 ×0.3%	3593843
4	勘察设计费		59000000
4.1	勘察费		9000000
4.2	设计费		50000000
5	设计文件评审费		2275593
5.1	可行性研究文件评审费		400000
5.2	初步设计文件评审费		1000000
5.3	施工图文件评审费	基本设计费 ×1.5%	635593
5.4	初步可行性研究文件评审费		240000
6	项目后评价费	（建筑工程费 + 安装工程费）×0.14%	1734691
7	工程建设检测费		6768130
7.1	电力工程质量检测费	（建筑工程费 + 安装工程费）×0.2%	2478130
7.2	特种设备安全监测费	700000kW×2.8 元 /kW	1960000
7.3	环境监测及环境保护验收费	10×10000	100000
7.4	水土保持监测及验收费	50×10000	500000
7.5	桩基检测费	173×10000	1730000
8	电力工程技术经济标准编制费	（建筑工程费 + 安装工程费）×0.1%	1239065
（四）	整套启动试运费		25660110

续表

序号	工程或费用名称	编制依据及计算说明	合价
1	燃煤费	2×350000kW×408h×0.283kg/kWh× 标煤价 0.9 元 /kg×0.97	70560050
2	燃油费	424t/ 台 ×2 台 ×7580×1.13 元 /t	7263459
3	其他材料费	700MW×3000 元 /MW	2100000
4	厂用电费	700000kW×240h×5.55%×0.596161 元 /kWh	5558605
5	售出电费	−700000kW×312h×0.75×0.405793 元 /kWh×0.9	−59822004
（五）	生产准备费		35148878
1	管理车辆购置费	设备购置费 ×0.4%	4791790
2	工器具及办公家具购置费	（建筑工程费 + 安装工程费）×0.3%	3717194
3	生产职工培训及提前进厂费	（建筑工程费 + 安装工程费）×2.15%	26639894
（六）	大件运输措施费	200×10000	2000000
	合计		338005491

附录 B　2×660MW 机组基本方案概算表

表 B.1　2×660MW 机组发电工程汇总概算表

单位：万元

序号	工程或费用名称	建筑工程费	设备购置费	安装工程费	其他费用	合计	各项占静态投资比例（%）	单位投资（元 /kW）
一	主辅生产工程	78728	232328	82577	2994	396627	76.2	3005
（一）	热力系统	26618	172984	46911		246513	47.36	1868
（二）	燃料供应系统	11429	8625	1280		21334	4.1	162
（三）	除灰系统	1755	2974	805		5534	1.06	42
（四）	水处理系统	2556	3047	1547		7150	1.37	54
（五）	供水系统	15535	1590	3515		20640	3.97	156
（六）	电气系统	1377	18276	12496		32149	6.18	244
（七）	热工控制系统		10641	6774		17415	3.35	132
（八）	脱硫系统	2518	6450	5132	1900	16000	3.07	121
（九）	脱硝系统	489	4663	2726	1094	8972	1.72	68
（十）	附属生产工程	16451	3078	1391		20920	4.02	158
二	与厂址有关的单项工程	39856	1456	9907	0	51219	9.84	388
（一）	交通运输工程	15668				15668	3.01	119
（二）	储灰场、防浪堤、填海、护岸工程	3839	406	622		4867	0.93	37
（三）	水质净化工程	1213	698	427		2338	0.45	18
（四）	补给水工程	1889	352	8858		11099	2.13	84

续表

序号	工程或费用名称	建筑工程费	设备购置费	安装工程费	其他费用	合计	各项占静态投资比例（%）	单位投资（元 /kW）
（五）	地基处理	14317				14317	2.75	108
（六）	厂区、施工区土石方工程	2382				2382	0.46	18
（七）	临时工程	548				548	0.11	4
三	编制基准期价差	9768		1077		10845	2.08	82
四	其他费用	0	0	0	47814	47814	9.18	362
（一）	建设场地征用及清理费				12536	12536		
（二）	项目建设管理费				11442	11442		
（三）	项目建设技术服务费				14847	14847		
（四）	整套启动试运费				4157	4157		
（五）	生产准备费				4532	4532		
（六）	大件运输措施费				300	300		
五	基本预备费				14036	14036	2.7	106
六	特殊项目					0		
	工程静态投资	128352	233784	93561	64844	520541	100	3943
	各项占静态投资的比例（%）	25	45	18	12	100		
	各项静态单位投资（元 /kW）	972	1771	709	491	3943		

表 B.2　建筑工程汇总概算表

单位：元

序号	工程或费用名称	设备费	建筑费	其中：人工费	合计	技术经济指标		
						单位	数量	指标
一	主辅生产工程	23869735	763409393	91898694	787279128			
（一）	热力系统	9883000	256301906	32138784	266184906			
1	主厂房本体及设备基础	9579000	188115302	24386093	197694302	元 /m^3	431483	458
1.1	主厂房本体	5816000	111850663	15366138	117666663	元 /m^3	409642	287
1.1.1	基础工程		12106053	2368630	12106053			
1.1.2	框架结构		33571404	3926992	33571404			
1.1.3	煤斗		12269995	1469598	12269995			
1.1.4	运转层平台		14275005	1308594	14275005			
1.1.5	地面及地下设施		4493210	695720	4493210			
1.1.6	屋面结构		9213904	452575	9213904			
1.1.7	围护及装饰工程		17178933	3345603	17178933			
1.1.8	固定端		248425	24860	248425			
1.1.9	扩建端		425654	3914	425654			
1.1.10	给排水、采暖、通风、空调、照明	5816000	8068080	1769652	13884080			
1.2	集中控制楼	3763000	8434473	1494305	12197473	元 /m^3	21841	558
1.2.1	一般土建		7211260	1148994	7211260			
1.2.2	给排水、采暖、通风、照明	3763000	1223213	345311	4986213			
1.3	锅炉紧身封闭		15849318	2350787	15849318	元 / 座	2	7924659

续表

序号	工程或费用名称	设备费	建筑费	其中：人工费	合计	技术经济指标		
						单位	数量	指标
1.4	锅炉电梯井		2366209	122010	2366209	元 / 座	2	1183105
1.5	锅炉基础（超超临界）		11747768	1438516	11747768	元 / 座	2	5873884
1.6	汽轮发电机基础		23564877	2411312	23564877	元 / 座	2	11782439
1.7	主厂房附属设备基础		10812444	748633	10812444			
1.8	送风机支架		3489550	454392	3489550	元 / 座	2	1744775
2	除尘排烟系统	304000	68186604	7752691	68490604	元 /kW		
2.1	除尘器基础		4045301	497956	4045301	元 / 座	2	2022651
2.2	电除尘配电室及除灰空压机房	304000	2721769	521459	3025769	元 /m^3	5885	514
2.3	独立钢烟道支架		3242566	417165	3242566	元 /m	110	29478
2.4	引风机室或起吊架		5573952	696096	5573952			
2.5	烟囱 240–2–7.5 钛钢内筒	0	52603016	5620015	52603016	元 / 座	1	52603016
2.5.1	烟囱基础		5834410	664831	5834410			
2.5.2	烟囱筒身		17226307	2567555	17226307			
2.5.3	烟囱钢内筒		23002234	1470397	23002234			
2.5.4	烟囱内筒、内衬及其他		6540065	917232	6540065			
（二）	燃料供应系统	2487400	111798365	15130328	114285765			
1	燃煤系统	2417600	109680791	14754601	112098391			
1.1	入厂煤采样机基础		465682	47536	465682	元 / 座		
1.2	翻车机室	541000	17169983	2577505	17710983	元 /m^3	26089	679

续表

序号	工程或费用名称	设备费	建筑费	其中：人工费	合计	技术经济指标		
						单位	数量	指标
1.3	翻车机配电室		531541	100205	531541	元/m^3	983	541
1.4	翻车机控制室	18000	504988	95499	522988	元/m^3	845	619
1.5	翻车机牵车台		1261254	164529	1261254			
1.6	尾部驱动站		1289380	231395	1289380	元/m^3	2978	433
1.7	斗轮堆取料机基础		11329787	1309164	11329787	元/m	575	19704
1.8	全封闭条形煤场	0	31269917	3100619	31269917	元/m^2	25000	1251
1.8.1	全封闭条形煤场		19822544	2647520	19822544			
1.8.2	煤场钢网架		11447373	453099	11447373			
1.9	1号地下输煤道		5012463	691270	5012463	元/m	77	65097
1.10	2号地下输煤道		1960588	262144	1960588	元/m	35	56017
1.11	2号输煤栈桥及拉紧装置小间		1160331	182117	1160331	元/m	36	32231
1.12	4号输煤栈桥及拉紧装置小间		1617919	252292	1617919	元/m	52	31114
1.13	6号输煤栈桥及拉紧装置小间		3550540	540965	3550540	元/m	105	33815
1.14	7号输煤栈桥		5169240	776743	5169240	元/m	131	39460
1.15	1号转运站	314000	3635360	539253	3949360	元/m^3	4728	835
1.16	2号转运站	310000	4449965	715268	4759965	元/m^3	7115	669
1.17	3号转运站	310000	4431725	707105	4741725	元/m^3	7226	656
1.18	7号带驱动站及取样间		1772435	283685	1772435	元/m^3	4108	431
1.19	碎煤机室	750000	6798849	1155173	7548849	元/m^3	13558	557

续表

序号	工程或费用名称	设备费	建筑费	其中：人工费	合计	技术经济指标		
						单位	数量	指标
1.20	轨道衡及轨道衡控制室		584652	77702	584652	元 /m^3	105	5568
1.21	推煤机库	12000	1281532	234302	1293532	元 /m^3	2828	457
1.22	输煤综合楼	103000	2529426	441869	2632426	元 /m^3	4112	640
1.23	煤水处理间	59600	1903234	268261	1962834	元 /m^3	5081	386
2	燃油系统	69800	2117574	375727	2187374			
2.1	卸油栈台		156211	28643	156211	元 /m		
2.2	燃油泵房	69800	661246	117613	731046	元 /m^3	1248	586
2.3	燃料油罐区建筑		784856	138701	784856	元 / 座		
2.4	油管沟道及支架	0	515261	90770	515261	元 /m		
2.4.1	油管沟		445874	76543	445874	元 /m		
2.4.2	油管支架		69387	14227	69387	元 /m		
（三）	除灰系统	174260	17378426	2712626	17552686			
1	厂内除渣系统（干除渣）	93260	2631248	428668	2724508	元 /kW		
1.1	渣仓基础		450043	45923	450043	元 / 座		
1.2	渣仓间	93260	2181205	382745	2274465	元 /m^3	5560	409
2	除灰系统（气力除灰）	81000	14747178	2283958	14828178	元 /kW		
2.1	灰库气化风机房	32000	937571	168184	969571	元 /m^3	1964	494
2.2	贮灰库（ϕ15m×32m）	17000	11888947	1793410	11905947	元 / 座	3	3968649
2.3	空压机室	32000	1920660	322364	1952660	元 /m^3	3802	514

续表

序号	工程或费用名称	设备费	建筑费	其中：人工费	合计	技术经济指标		
						单位	数量	指标
（四）	水处理系统	338575	25219628	3940453	25558203			
1	预处理系统	0	3715179	494176	3715179	元 /kW		
1.1	升压泵房		642423	95551	642423	元 /m^3	1052	611
1.2	清水池及反洗水池		1207113	172520	1207113	元 / 座	3	402371
1.3	重力式滤池基础		214530	25532	214530	元 / 座	1	214530
1.4	浓缩池		687784	96704	687784	元 / 座	2	343892
1.5	ф9.8m 机械加速澄清池		963329	103869	963329	元 / 座	2	481665
2	锅炉补给水处理系统	338575	17797544	2849604	18136119	元 /kW		
2.1	锅炉补给水处理室	141000	9161682	1597904	9302682	元 /m^3	27239	342
2.2	化验楼	125575	3173713	530538	3299288	元 /m^3	6051	545
2.3	酸碱库	72000	2284158	328086	2356158	元 /m^3	5182	455
2.4	室外构筑物		3177991	393076	3177991			
3	循环水处理系统	0	3706905	596673	3706905	元 /kW		
3.1	循环水处理室		884960	144074	884960	元 /m^3	1188	745
3.2	电解食盐制次氯酸钠间		2821945	452599	2821945	元 /m^3	3731	756
（五）	供水系统	90000	155263219	20734285	155353219			
1	凝汽器冷却系统（二次循环水冷却）	90000	155263219	20734285	155353219			
1.1	循环水泵房	90000	15342689	2057445	15432689	元 /m^3	20016	771
1.2	自然通风冷却塔（8500m^2）		131434997	17581122	131434997	元 /m^2	17000	7731

续表

序号	工程或费用名称	设备费	建筑费	其中：人工费	合计	技术经济指标		
						单位	数量	指标
1.3	循环水沟		4878469	604418	4878469	元 /m		
1.4	循环水管道建筑		2346700	235704	2346700	元 /m	2060	1139
1.5	阀门井		1260364	255596	1260364			
（六）	电气系统	119000	13647797	1521545	13766797			
1	变配电系统建筑	0	13096481	1420399	13096481			
1.1	汽机房 A 排外构筑物	0	4316268	477696	4316268			
1.1.1	主变基础		1225007	135552	1225007	元 / 座	6	204168
1.1.2	厂高变基础		293852	34533	293852	元 / 座	2	146926
1.1.3	高压备用变基础		97369	11834	97369	元 / 座	1	97369
1.1.4	主变、启备变构架		656631	30646	656631			
1.1.5	封闭母线支架		367739	28183	367739			
1.1.6	共箱母线支架		585440	44867	585440			
1.1.7	变压器防火墙		135092	19614	135092			
1.1.8	电缆沟		691315	132413	691315			
1.1.9	事故油池		263823	40054	263823			
1.2	屋外配电装置 500kV 构架		8535603	919908	8535603			
1.3	全厂独立避雷针		244610	22795	244610	元 / 座		
2	控制系统建筑	119000	551316	101146	670316			
2.1	继电器室	119000	551316	101146	670316	元 /m^3	1050	638

续表

序号	工程或费用名称	设备费	建筑费	其中：人工费	合计	技术经济指标		
						单位	数量	指标
（七）	脱硫系统	0	25180000	0	25180000			
（八）	脱硝系统	0	4890000	0	4890000			
（九）	附属生产工程	10777500	153730052	15720673	164507552			
1	辅助生产工程	233000	17348472	2244880	17581472			
1.1	空压机室及采暖加热站	12000	1318144	230547	1330144	元 /m^3	2801	475
1.2	制氢站		956389	165533	956389	元 /m^3	1872	511
1.3	检修间		3000000		3000000	元 /m^2	1200	2500
1.4	启动锅炉房	189000	4739101	770719	4928101	元 /m^3	9037	545
1.5	综合水泵房	32000	2056176	320595	2088176	元 /m^3	4110	508
1.6	公用、消防、生活蓄水池		5278662	757486	5278662			
2	附属生产建筑	0	27327108	631637	27327108			
2.1	生产行政综合楼		11900000		11900000	元 /m^2	3400	3500
2.2	运行及维护人员办公用房		4500000		4500000	元 /m^2	1500	3000
2.3	材料库		6250000		6250000	元 /m^2	2500	2500
2.4	警卫传达室		270000		270000	元 /m^2	90	3000
2.5	雨水泵房		4003357	546950	4003357	元 /m^3	6864	583
2.6	自行车棚		403751	84687	403751	元 /m^2	220	1835
3	环境保护设施	1404500	41669280	2404060	43073780			
3.1	机组排水槽及水泵间		3066106	418335	3066106	元 /m^3	2430	1262

续表

序号	工程或费用名称	设备费	建筑费	其中：人工费	合计	技术经济指标		
						单位	数量	指标
3.2	废水处理池		4707363	400055	4707363	元 / 座	1	4707363
3.3	工业废水处理站	1400500	4921434	904262	6321934	元 /m^3	15682	403
3.4	生活污水处理设备基础		109934	13649	109934			
3.5	排泥泵房		304211	58367	304211	元 /m^3	415	733
3.6	DN800 排水口		85435	33156	85435			
3.7	厂区室外生活污水、工业废水管道		1004459	403650	1004459	元 /m	3000	335
3.8	煤场雨水调节池及提升泵房	4000	1470338	172586	1474338	元 /m^3	300	4914
3.9	厂区绿化		4000000		4000000			
3.10	噪声治理措施		22000000		22000000			
4	消防系统	9140000	6672338	1071745	15812338			
4.1	厂区消防管路		926300	190060	926300	元 /m		
4.2	消防车库		846489	171581	846489	元 /m^2	485	1745
4.3	特殊消防系统	8640000	4899549	710104	13539549			
4.4	移动消防设备	500000			500000			
5	厂区性建筑	0	49130233	8941286	49130233			
5.1	厂区道路及广场		11878027	1998184	11878027	元 /m^2	52800	225
5.2	围墙及大门		5200600	1309031	5200600	元 /m		
5.3	厂区管道支架		15553615	2321844	15553615	元 /m	1500	10369
5.4	厂区沟道、隧道		3905343	737683	3905343	元 /m		

续表

序号	工程或费用名称	设备费	建筑费	其中：人工费	合计	技术经济指标		
						单位	数量	指标
5.5	生活给排水		7239475	1551876	7239475			
5.6	厂区雨水管道		281544	45368	281544	元 /m		
5.7	雨水检查井		313593	65955	313593			
5.8	厂内排水道		4758036	911345	4758036			
6	厂区采暖（制冷）工程	0	1832621	427065	1832621			
6.1	厂区采暖管道及建筑		1832621	427065	1832621	元 /m		
7	厂前公共福利工程	0	9750000	0	9750000			
7.1	食堂		3450000		3450000	元 /m^2	1150	3000
7.2	宿舍		6300000		6300000	元 /m^2	2100	3000
二	与厂址有关的单项工程	82000	398475935	30985554	398557935			
（一）	交通运输工程	0	156682179	3581536	156682179			
1	铁路	0	136500000	0	136500000	元 /km	17.5	7800000
1.1	厂内铁路		16500000		16500000	元 /km	5.5	3000000
1.2	厂外铁路		120000000		120000000	元 /km	12	10000000
2	厂外公路	0	20182179	3581536	20182179			
2.1	进厂公路		10492666	1849267	10492666	元 /km	5	2098533
2.2	运灰公路		9689513	1732269	9689513	元 /km		
（二）	储灰场、防浪堤、填海、护岸工程	82000	38311261	6845931	38393261			
1	灰（坝）场	82000	38311261	6845931	38393261			

续表

序号	工程或费用名称	设备费	建筑费	其中：人工费	合计	技术经济指标		
						单位	数量	指标
1.1	灰坝		1001989	118168	1001989			
1.2	1 #黏土堤		238354	22261	238354			
1.3	灰场排水盲沟		151937	16613	151937			
1.4	场内排水卧管		23454368	4293399	23454368			
1.5	排水竖井		1624139	371771	1624139			
1.6	引水头部		412579	49289	412579			
1.7	排水卧管消力池		839193	208391	839193			
1.8	出水沟		1135725	236864	1135725			
1.9	出水段河道整治		104607	15559	104607			
1.10	灰场场内运灰道路		845020	154785	845020			
1.11	场地全面防渗		4423541	466676	4423541			
1.12	灰场管理站	82000	4079809	892155	4161809			
1.12.1	灰场管理站生活及办公楼	82000	849297	173984	931297	元 /m^2	307	3034
1.12.2	灰场管理站车库		979005	160503	979005	元 /m^2	413	2370
1.12.3	灰场升压及冲洗泵房		221359	38362	221359	元 /m^3	426	520
1.12.4	灰场配电室		165842	34405	165842	元 /m^3	564	294
1.12.5	灰场隔离变		13689	1049	13689			
1.12.6	站区围墙		194840	42379	194840	元 /m^2	74	2633
1.12.7	500m^3 蓄水池		445168	57750	445168			

续表

序号	工程或费用名称	设备费	建筑费	其中：人工费	合计	技术经济指标		
						单位	数量	指标
1.12.8	照明灯塔		301339	28081	301339			
1.12.9	站区道路灰场管理站围墙、地坪及大门		507086	100030	507086			
1.12.10	灰场水管线建筑		402184	255612	402184			
（三）	水质净化工程	0	12126420	1789153	12126420			
1	水质净化系统	0	12126420	1789153	12126420	元/t（水）		
1.1	泥水升压泵房		481852	67282	481852	元/m^3	676	713
1.2	加药及过滤间		3132452	462786	3132452	元/m^3	5346	586
1.3	污泥浓缩池		2090669	318320	2090669	元/m^3		
1.4	反应沉淀池		5855598	836878	5855598	元/座		
1.5	阀门井		470321	76428	470321	元/座	4	117580
1.6	排水检查井		95528	27459	95528	元/座	15	6369
（四）	补给水工程	0	18892153	2787720	18892153			
1	补给水系统	0	18892153	2787720	18892153			
1.1	补给水升压泵房		9523199	1354834	9523199	元/m^3	16929	563
1.2	水源地变压器室		303596	46241	303596	元/m^3	1235	246
1.3	补给水管路建筑		8139563	1172389	8139563	元/m	15000	543
1.4	阀门井		925795	214256	925795			
（五）	地基处理	0	143167380	14326383	143167380			
1	预应力钢筋混凝土管桩		98213084	4470648	98213084			

续表

序号	工程或费用名称	设备费	建筑费	其中：人工费	合计	技术经济指标		
						单位	数量	指标
2	水处理系统		5129954	1144660	5129954			
3	供水系统		23734940	5121005	23734940			
4	电气系统		10493088	2341350	10493088			
5	附属生产工程		5596314	1248720	5596314			
（六）	厂区、施工区土石方工程	0	23820484	777600	23820484			
1	生产区土石方工程		23820484	777600	23820484	元 /m^3	800000	30
（七）	临时工程	0	5476058	877231	5476058			
1	施工电源		800000		800000	元 /m	12000	67
2	施工水源		570828	189151	570828			
3	施工道路		4090230	688080	4090230			
4	施工通信线路		15000		15000	元 /km	1	15000
	合计	23951735	1161885328	122884248	1185837063			

表 B.3　2×660MW 机组安装工程汇总概算表

单位：元

序号	工程或费用名称	设备购置费	安装工程费				合计	技术经济指标		
			装置性材料费	安装费	其中：人工费	小计		单位	数量	指标
一	主辅生产工程	2323280542	393478071	432296912	64250516	825774983	3149055525			
（一）	热力系统	1729836050	242179269	226935675	35618550	469114944	2198950994			
1	锅炉机组	1065964141	43186781	142623640	21950888	185810421	1251774562	元 /kW	1320000	948
1.1	锅炉本体	821300400	8018739	105635404	15107167	113654143	934954543	元 / 台（炉）	2	467477272
1.1.1	组合安装	814050000		97092061	14493204	97092061	911142061			
1.1.2	点火装置	7250400		858625	190597	858625	8109025			
1.1.3	分部试验及试运		8018739	7684718	423366	15703457	15703457			
1.2	风机	28518240		2136066	493595	2136066	30654306	元 / 台（炉）	2	15327153
1.3	除尘装置	115805000		17430286	3473401	17430286	133235286	元 / 台（炉）	2	66617643
1.4	制粉系统	68516280		2013455	505109	2013455	70529735			
1.5	烟风煤管道	0	34058014	11952837	1673097	46010851	46010851	元 /t	3695	12452
1.5.1	冷风道		4269140	1584175	226400	5853315	5853315	元 /t	500	11707
1.5.2	热风道		7276971	2622710	370843	9899681	9899681	元 /t	819	12088
1.5.3	烟道		12995267	4868868	698218	17864135	17864135	元 /t	1542	11585
1.5.4	原煤管道			74623	14490	74623	74623	元 /t	32	2332
1.5.5	送粉管道		9516636	2802461	363146	12319097	12319097	元 /t	802	15360
1.6	锅炉其他辅机	31824221	1110028	3455592	698519	4565620	36389841	元 / 台（炉）	2	18194921
2	汽轮发电机组	663871909	798486	17597484	3493649	18395970	682267879	元 /kW	1320000	517

续表

序号	工程或费用名称	设备购置费	安装工程费				合计	技术经济指标		
			装置性材料费	安装费	其中：人工费	小计		单位	数量	指标
2.1	汽轮发电机本体	484570800		11380267	2152399	11380267	495951067	元/台（机）	2	247975534
2.2	汽轮发电机辅助设备	106826588		4370027	996537	4370027	111196615	元/台（机）	2	55598308
2.3	旁路系统	9063000		221190	18151	221190	9284190	元/kW	1320000	7
2.4	除氧给水装置	58626257		928275	195314	928275	59554532	元/kW	1320000	45
2.5	汽轮机其他辅机	4785264	798486	697725	131248	1496211	6281475	元/台（机）	2	3140738
3	热力系统汽水管道	0	176699710	35681000	2942219	212380710	212380710	元/t	3734	56878
3.1	主蒸汽、再热蒸汽及主给水管道	0	140901122	23394864	1222199	164295986	164295986	元/t	2084	78837
3.1.1	主蒸汽管道		41840205	6879896	317054	48720101	48720101	元/t	542	89889
3.1.2	热再热蒸汽管道		49436370	7417828	296196	56854198	56854198	元/t	600	94757
3.1.3	冷再热蒸汽管道		11454051	2259972	164629	13714023	13714023	元/t	302	45411
3.1.4	主给水管道		38170496	6837168	444320	45007664	45007664	元/t	640	70324
3.2	锅炉排污、疏放水管道	0	1000873	581999	100890	1582872	1582872	元/t	89	17785
3.2.1	锅炉疏水、放气、放水管道		1000873	581999	100890	1582872	1582872	元/t	89	17785
3.3	中、低压汽水管道	0	32774258	11005561	1518109	43779819	43779819	元/t	1456	30069
3.3.1	抽汽管道		5077226	1402773	182799	6479999	6479999	元/t	190	34105
3.3.2	辅助蒸汽管道		3226799	1088078	155860	4314877	4314877	元/t	162	26635

续表

序号	工程或费用名称	设备购置费	安装工程费				合计	技术经济指标		
			装置性材料费	安装费	其中：人工费	小计		单位	数量	指标
3.3.3	中、低压水管道		8641301	2843169	403120	11484470	11484470	元 /t	419	27409
3.3.4	加热器疏水、排气、除氧器溢放水管道		4250328	1216934	161633	5467262	5467262	元 /t	168	32543
3.3.5	锅炉蒸汽吹洗管道		1356904	1737235	236451	3094139	3094139	元 /t	76	40712
3.3.6	主厂房循环水		5815167	1353068	181586	7168235	7168235	元 /t	280	25601
3.3.7	主厂房冷却水管道		1581096	434676	64852	2015772	2015772	元 /t	100	20158
3.3.8	其他中低压管道		2825437	929628	131808	3755065	3755065	元 /t	137	27409
3.4	主厂房内油管道及其他管道	0	2023457	698576	101021	2722033	2722033	元 /t	105	25924
3.4.1	汽轮发电机组油、氮气、二氧化碳管道		686509	234036	33674	920545	920545	元 /t	35	26301
3.4.2	其他管道		1336948	464540	67347	1801488	1801488	元 /t	70	25736
4	热力系统保温及油漆	0	21494292	21586245	4427092	43080537	43080537	元 /m^3	19807	2175
4.1	锅炉炉墙砌筑		6872745	4898683	976202	11771428	11771428	元 /m^3	4790	2458
4.2	锅炉本体保温		6415240	5326428	1037130	11741668	11741668	元 /m^3	5000	2348
4.3	除尘器保温		2092708	2592558	541516	4685266	4685266	元 /m^3	2400	1952
4.4	锅炉辅机保温		268996	319086	67015	588082	588082	元 /m^3	280	2100
4.5	汽轮发电机组设备保温		479769	705844	143438	1185613	1185613	元 /m^3	800	1482
4.6	管道保温		5364834	5807643	1378028	11172477	11172477	元 /m^3	6537	1709

续表

序号	工程或费用名称	设备购置费	安装工程费				合计	技术经济指标		
			装置性材料费	安装费	其中：人工费	小计		单位	数量	指标
4.7	油漆			1936003	283763	1936003	1936003			
5	调试工程	0	0	9447306	2804702	9447306	9447306	元 /kW	1320000	7.2
5.1	分系统调试			2908667	957681	2908667	2908667	元 /kW	1320000	2.2
5.2	整套启动调试			3185496	982058	3185496	3185496	元 /kW	1320000	2.4
5.3	特殊调试			3353143	864963	3353143	3353143	元 /kW	1320000	2.5
（二）	燃料供应系统	86254837	5067622	7732796	1734229	12800418	99055255			
1	输煤系统	85133643	3596469	6287663	1439469	9884132	95017775	元 /kW	1320000	72
1.1	卸煤系统	29293831		999623	282414	999623	30293454			
1.2	储煤系统	26256518	0	1397587	291431	1397587	27654105			
1.2.1	煤场机械	26256518		1397587	291431	1397587	27654105			
1.3	皮带机上煤系统	26464615	1580390	1944947	409455	3525337	29989952			
1.4	碎煤系统	2144910	302938	328733	63925	631671	2776581			
1.5	水力清扫系统	973769	1713141	1616773	392244	3329914	4303683			
2	燃油系统	1121194	1471153	1445133	294760	2916286	4037480	元 /kW	1320000	3.1
2.1	设备	1121194		68778	19820	68778	1189972			
2.2	管道	0	1347511	1223350	239885	2570861	2570861	元 /t	100	25778
2.2.1	燃油泵房管道		244865	205674	41353	450539	450539	元 /t	16	28642
2.2.2	油罐区管道		334390	172093	31401	506483	506483	元 /t	18	28138
2.2.3	厂区燃油管道		695764	764754	150267	1460518	1460518	元 /t	60	24342

续表

序号	工程或费用名称	设备购置费	安装工程费				合计	技术经济指标		
			装置性材料费	安装费	其中：人工费	小计		单位	数量	指标
2.2.4	锅炉房燃油管道		72492	80829	16864	153321	153321	元 /t	6	25554
2.3	保温油漆		123642	153005	35055	276647	276647	元 /m^3	101	2736
（三）	除灰系统	29737918	4423136	3630082	748126	8053218	37791136	元 /kW	1320000	29
1	厂内除渣系统（干除渣）	15619879	96813	877792	203484	974605	16594484	元 /kW	1320000	13
1.1	碎渣、除渣设施	13671334		809955	197228	809955	14481289			
1.2	管道		96813	34237	6256	131050	131050	元 /t	5	26210
1.3	石子煤系统	1948545	0	33600	0	33600	1982145			
1.3.1	设备	1948545		33600		33600	1982145			
2	除灰系统（气力除灰）	14118039	4244506	2632793	518445	6877299	20995338	元 /kW	1320000	16
2.1	除灰输送系统	14118039	4244506	2632793	518445	6877299	20995338			
2.1.1	设备	14118039	845195	1175550	255481	2020745	16138784			
2.1.2	管道		3399311	1457243	262964	4856554	4856554	元 /t	310	15666
3	保温油漆		81817	119497	26197	201314	201314	元 /m^3	120	1678
（四）	水处理系统	30467344	7365944	8101736	1774223	15467680	45935024	元 /kW	1320000	35
1	预处理系统	5723285	903045	555477	104598	1458522	7181807	元 /kW	1320000	5.4
1.1	设备	5723285		232990	42381	232990	5956275			
1.2	管道		903045	322487	62217	1225532	1225532	元 /t	45	27234

续表

序号	工程或费用名称	设备购置费	安装工程费				合计	技术经济指标		
			装置性材料费	安装费	其中：人工费	小计		单位	数量	指标
2	锅炉补充水处理系统	5778735	2942598	2244114	372466	5186712	10965447			
2.1	设备	5778735	7536	694230	64657	701766	6480501			
2.2	管道		2935062	1549884	307809	4484946	4484946	元 /t	135	33222
3	凝结水精处理系统	12688200	874253	1280609	276802	2154862	14843062			
3.1	设备	12688200		117347	30727	117347	12805547			
3.2	管道		874253	1163262	246075	2037515	2037515	元 /t	89.66	22725
4	循环水处理系统	1977234	55744	142323	34031	198067	2175301	元 /kW	1320000	1.6
4.1	加酸系统	564927	13663	51371	11956	65034	629961			
4.1.1	设备	564927		35677	8342	35677	600604			
4.1.2	管道		13663	15694	3614	29357	29357	元 /t	1	29357
4.2	加氯系统	1226012	35250	76123	18351	111373	1337385			
4.2.1	设备	1226012		27081	6676	27081	1253093			
4.2.2	管道		35250	49042	11675	84292	84292	元 /t	2.58	32671
4.3	循环水加药处理系统	186295	6831	14829	3724	21660	207955			
4.3.1	设备	186295		6982	1917	6982	193277			
4.3.2	管道		6831	7847	1807	14678	14678	元 /t	0.5	29356
5	给水炉水校正处理	775390	303842	657741	155559	961583	1736973	元 /kW	1320000	1.3
5.1	给水加药处理系统	775390	303842	657741	155559	961583	1736973			

续表

序号	工程或费用名称	设备购置费	安装工程费				合计	技术经济指标		
			装置性材料费	安装费	其中：人工费	小计		单位	数量	指标
5.1.1	设备	775390		23273	6389	23273	798663			
5.1.2	管道		303842	634468	149170	938310	938310	元 /t	11.8	79518
6	汽水取样系统	3524500	255468	515637	106839	771105	4295605			
6.1	设备	3524500		19304	2862	19304	3543804			
6.2	管道		255468	496333	103977	751801	751801	元 /t	7.32	102705
7	厂区管道		1743494	904199	176696	2647693	2647693	元 /t	105	25216
8	保温油漆		287500	310688	78880	598188	598188	元 /m^3	305	1961
9	调试工程	0	0	1490948	468352	1490948	1490948	元 /kW	1320000	1.1
9.1	分系统调试			781250	234627	781250	781250	元 /kW	1320000	0.6
9.2	整套启动调试			709698	233725	709698	709698	元 /kW	1320000	0.5
（五）	供水系统	15897509	24269690	10881817	1476678	35151507	51049016	元 /kW	1320000	39
1	凝汽器冷却系统（二次循环水冷却）	15897509	24269690	5501897	733779	29771587	45669096			
1.1	循环水泵房	15897509	1719770	1022369	189664	2742139	18639648	元 / 座	1	18639648
1.1.1	设备	15897509		700234	153819	700234	16597743			
1.1.2	管道		1719770	322135	35845	2041905	2041905	元 /t	86.02	23738
1.2	循环水管道		22549920	4479528	544115	27029448	27029448	元 /t	2809	9622
2	供水系统防腐			5379920	742899	5379920	5379920	元 /m^2	42395	127
（六）	电气系统	182757753	75379802	49575225	10966611	124955027	307712780			

续表

序号	工程或费用名称	设备购置费	安装工程费				合计	技术经济指标		
			装置性材料费	安装费	其中：人工费	小计		单位	数量	指标
1	发电机电气与引出线	1405772	6398923	2191524	309716	8590447	9996219	元 /kW	1320000	8
1.1	发电机电气与出线间	1315142		488494	89638	488494	1803636			
1.2	发电机引出线	90630	6398923	1703030	220078	8101953	8192583			
2	主变压器系统	73631840	341541	1353899	191495	1695440	75327280	元 /kVA	1560000	48
2.1	主变压器	50712520	341541	907881	116617	1249422	51961942			
2.2	厂用高压变压器	22919320		446018	74878	446018	23365338			
3	配电装置	18085720	1530364	1989315	363274	3519679	21605399	元 /kW	1320000	16
3.1	500kV 屋外配电装置	18085720	1530364	1989315	363274	3519679	21605399			
4	主控及直流系统	23957577	194427	1883583	479510	2078010	26035587	元 /kW	1320000	20
4.1	集控楼（室）设备	5266610	0	363155	91232	363155	5629765			
4.1.1	厂用电监控系统	1208400		95327	22998	95327	1303727			
4.1.2	各种屏、台盘等	4058210		267828	68234	267828	4326038			
4.2	继电器楼设备	7421590	16367	708055	189658	724422	8146012			
4.2.1	网络监控系统	2114700	16367	341834	94970	358201	2472901			
4.2.2	各种屏、台盘等	1913300		14299	3450	14299	1927599			
4.2.3	系统继电保护	3393590		351922	91238	351922	3745512			
4.3	输煤集中控制	2114700	142448	462420	121761	604868	2719568			
4.4	直流系统	5644275		286624	61574	286624	5930899			
4.5	远动装置	3510402	35612	63329	15285	98941	3609343			

续表

序号	工程或费用名称	设备购置费	安装工程费				合计	技术经济指标		
			装置性材料费	安装费	其中：人工费	小计		单位	数量	指标
5	厂用电系统	60990165	8386438	8105656	1635148	16492094	77482259	元 /kW	1320000	59
5.1	主厂房用电系统	36521876	5131375	4524985	875935	9656360	46178236			
5.1.1	高压厂用母线		5131375	992891	100293	6124266	6124266			
5.1.2	高压配电装置	15185560		864188	162015	864188	16049748	元 / 台	150	106998
5.1.3	低压配电装置	15648780		1248399	292336	1248399	16897179	元 / 台	280	60347
5.1.4	低压厂用变压器	2052266		25366	5386	25366	2077632			
5.1.5	机炉车间电气设备	735110		139498	31267	139498	874608			
5.1.6	电气除尘器电源装置	2900160		1254643	284638	1254643	4154803			
5.2	主厂房外车间厂用电	17105105	0	1211926	281797	1211926	18317031			
5.2.1	输煤系统厂用电	5972718		480196	112594	480196	6452914			
5.2.2	除灰系统厂用电	1850363		127345	29052	127345	1977708			
5.2.3	化水系统厂用电	2506423		199519	46376	199519	2705942			
5.2.4	凝汽器湿冷供水系统厂用电	1430444		86222	20187	86222	1516666			
5.2.5	补给水系统厂用电	3433367		215550	49744	215550	3648917			
5.2.6	附属生产系统厂用电	1911790		103094	23844	103094	2014884			
5.3	事故保安电源装置	5236400		100276	28434	100276	5336676			
5.4	不停电电源装置	1691760		29783	6283	29783	1721543			
5.5	全厂行车滑线		325440	790513	200784	1115953	1115953	元 /m	2400	465

续表

序号	工程或费用名称	设备购置费	安装工程费				合计	技术经济指标		
			装置性材料费	安装费	其中：人工费	小计		单位	数量	指标
5.6	设备及构筑物照明	435024	2929623	1448173	241915	4377796	4812820			
5.6.1	锅炉本体照明		520000	403775	86327	923775	923775	元 / 台		
5.6.2	汽机本体照明		54400	25401	3526	79801	79801	元 / 台		
5.6.3	电气除尘器照明		54400	42241	9031	96641	96641	元 / 台		
5.6.4	厂区道路广场照明		1274416	637126	87864	1911542	1911542	元 / 台		
5.6.5	检修电源	435024	1026407	339630	55167	1366037	1801061			
6	电缆及接地	0	57921642	28641186	6410817	86562828	86562828	元 /kW	1320000	66
6.1	电缆	0	44271349	14925464	2676370	59196813	59196813	元 /kW	1320000	45
6.1.1	电力电缆		38788476	10196354	1530765	48984830	48984830	元 /m	355000	138
6.1.2	控制电缆		5482873	4729110	1145605	10211983	10211983	元 /m	475000	21
6.2	桥架、支架		9383696	8955176	2347610	18338872	18338872	元 /t	1180	15541
6.3	电缆保护管		1126147	110317		1236464	1236464	元 /t	160	7728
6.4	电缆防火		1563115	2295823	702493	3858938	3858938	元 /kW	1320000	2.9
6.5	全厂接地	0	1577335	2354406	684344	3931741	3931741			
6.5.1	接地		1577335	2354406	684344	3931741	3931741			
7	厂内通信系统	4686679	606467	480434	114405	1086901	5773580	元 /kW	1320000	4.4
7.1	行政与调度通信系统	2368565	305100	176296	39680	481396	2849961			
7.2	电厂区域通信线路		249284	209751	50648	459035	459035			
7.3	载波通信系统	1200344	30263	36628	8882	66891	1267235			

续表

序号	工程或费用名称	设备购置费	安装工程费				合计	技术经济指标		
			装置性材料费	安装费	其中：人工费	小计		单位	数量	指标
7.4	对外通信线路	1117770	21820	57759	15195	79579	1197349			
8	调试工程	0	0	4929628	1462246	4929628	4929628	元 /kW	1320000	3.7
8.1	分系统调试			2398276	777838	2398276	2398276	元 /kW	1320000	1.8
8.2	整套启动调试			2048510	625096	2048510	2048510	元 /kW	1320000	1.6
8.3	特殊调试			482842	59312	482842	482842	元 /kW	1320000	0.4
（七）	热工控制系统	106411855	26487219	41251955	10842095	67739174	174151029			
1	系统控制	62979250	0	8653404	2379747	8653404	71632654	元 /kW	1320000	54
1.1	厂级监控系统	6042000				0	6042000	元 / 套	1	6042000
1.2	分散控制系统	10070000		5491921	1525434	5491921	15561921	元 / 点	20000	778
1.3	管理信息系统	9063000				0	9063000			
1.4	电厂智能化	30000000				0	30000000			
1.5	全厂闭路电视	2517500		810304	207555	810304	3327804	元 / 点	250	13311
1.6	全厂门禁系统	1510500		291709	74720	291709	1802209	元 / 点	180	10012
1.7	辅助车间集中控制网络	3776250		2059470	572038	2059470	5835720			
2	机组控制	37295252	0	3339580	821614	3339580	40634832	元 /kW	1320000	31
2.1	机组成套控制装置	5498220		2361236	584710	2361236	7859456			
2.2	现场仪表及执行机构	28796172				0	28796172			
2.3	电动门控制保护屏柜	3000860		978344	236904	978344	3979204			

续表

序号	工程或费用名称	设备购置费	安装工程费				合计	技术经济指标		
			装置性材料费	安装费	其中：人工费	小计		单位	数量	指标
3	辅助车间控制系统及仪表	6137353	0	506142	117107	506142	6643495	元 /kW	1320000	5
3.1	辅助车间自动控制装置	6137353		506142	117107	506142	6643495			
4	电缆及辅助设施	0	26487219	24049296	5968941	50536515	50536515	元 /kW	1320000	38
4.1	电缆		14408314	14868440	3702863	29276754	29276754	元 /m	1380000	21
4.2	桥架、支架		4418194	4328199	1137994	8746393	8746393	元 /t	572	15291
4.3	电缆保护管		1006117	98567		1104684	1104684	元 /t	100	11047
4.4	电缆防火		1948276	190850		2139126	2139126	元 /kW	1320000	1.6
4.5	其他材料		4706318	4563240	1128084	9269558	9269558	元 /kW	1320000	7
5	调试工程	0	0	4703533	1554686	4703533	4703533	元 /kW	1320000	3.6
5.1	分系统调试			3341900	1101156	3341900	3341900	元 /kW	1320000	2.5
5.2	整套启动调试			1361633	453530	1361633	1361633	元 /kW	1320000	1
（八）	脱硫系统	64503000	0	51320000	0	51320000	115820000			
（九）	脱硝系统	46633000	0	27260000	0	27260000	73890000			
（十）	附属生产工程	30781276	8305389	5607626	1090004	13913015	44694291	元 /kW	1320000	34
1	辅助生产工程	14513921	3528588	3129429	641447	6658017	21171938			
1.1	空压机站	2852831	184572	214161	50272	398733	3251564			
1.1.1	设备	2852831		125043	33366	125043	2977874			
1.1.2	管道		184572	89118	16906	273690	273690	元 /t	6	45615

续表

序号	工程或费用名称	设备购置费	安装工程费				合计	技术经济指标		
			装置性材料费	安装费	其中：人工费	小计		单位	数量	指标
1.2	制（储）氢站	2114700	283395	320059	67284	603454	2718154			
1.2.1	设备	2114700		52244	13851	52244	2166944			
1.2.2	管道		283395	267815	53433	551210	551210	元 /t	8	68901
1.3	油处理系统	186295	53137	32438	7056	85575	271870	元 /kW	1320000	0
1.3.1	设备	186295		13632	3794	13632	199927			
1.3.2	管道		53137	18806	3262	71943	71943	元 /t	1.5	47962
1.4	车间检查设备	604200		90462	26007	90462	694662			
1.5	启动锅炉房	7621006	900504	1875562	410721	2776066	10397072	元 / 台（炉）	2	5198536
1.5.1	锅炉本体及辅助设备	7520306	21436	1240915	273203	1262351	8782657	元 / 台（炉）	2	4391329
1.5.2	烟风煤（或油）管道		160144	137885	26918	298029	298029	元 /t	20	14901
1.5.3	汽水管道		312163	170782	33391	482945	482945	元 /t	25	19318
1.5.4	启动锅炉水处理系统	100700	16436	54281	12768	70717	171417			
1.5.5	保温油漆		390325	271699	64441	662024	662024			
1.6	综合水泵房	1134889	2106980	596747	80107	2703727	3838616			
1.6.1	设备	1134889		85877	18870	85877	1220766			
1.6.2	管道		2106980	510870	61237	2617850	2617850	元 /t	109.83	23835
2	附属生产安装工程	4564000	0	0	0	0	4564000			
2.1	试验室设备	4564000	0	0	0	0	4564000	元 /kW	1320000	3.5
2.1.1	化学试验室	1000000				0	1000000			

续表

序号	工程或费用名称	设备购置费	安装工程费				合计	技术经济指标		
			装置性材料费	安装费	其中：人工费	小计		单位	数量	指标
2.1.2	金属试验室	600000				0	600000			
2.1.3	热工试验室	1007000				0	1007000			
2.1.4	电气试验室	1007000				0	1007000			
2.1.5	环保试验室	600000				0	600000			
2.1.6	劳保监测站、安全教育室	350000				0	350000			
3	环境保护与监测装置	9840405	4489041	2381106	431629	6870147	16710552	元 /kW	1320000	12.7
3.1	机组排水槽	1593578	653944	472196	70267	1126140	2719718			
3.2	工业废水处理	6697557	2520502	1300684	251342	3821186	10518743			
3.3	含油污水处理	170183	69851	42048	5797	111899	282082			
3.4	含煤废水处理	1379087	1244744	566178	104223	1810922	3190009			
4	消防系统	1862950	287760	97091	16928	384851	2247801	元 /kW	1320000	1.7
4.1	消防水泵房设备及管道	805600	287760	97091	16928	384851	1190451			
4.2	消防车	1057350				0	1057350			
二	与厂址有关的单项工程	14558332	53426365	45647725	5854786	99074090	113632422	元 /kW	1320000	86
（一）	储灰场、防浪堤、填海、护岸工程	4059881	2230333	3991463	316438	6221796	10281677			
1	灰场机械及灰场灰渣管道	2553752				0	2553752			

续表

序号	工程或费用名称	设备购置费	安装工程费				合计	技术经济指标		
			装置性材料费	安装费	其中：人工费	小计		单位	数量	指标
2	灰场喷洒水系统	1016022	2230333	1564275	310174	3794608	4810630			
3	厂外架空动力线			2400000		2400000	2400000	元 /km	15	160000
4	灰场供电系统	490107		27188	6264	27188	517295			
（二）	水质净化工程	6979993	2726517	1545483	237397	4272000	11251993			
1	水质净化系统	6979993	2726517	1545483	237397	4272000	11251993	元 /kW	1320000	8.5
1.1	净化站内机械设备	6979993	2726517	1545483	237397	4272000	11251993			
1.1.1	设备	6979993		230882	57024	230882	7210875			
1.1.2	管道		2726517	595715	81104	3322232	3322232			
1.1.3	保温油漆、防腐			718886	99269	718886	718886			
（三）	补给水工程	3518458	48469515	40110779	5300951	88580294	92098752			
1	补给水系统	3518458	48469515	40110779	5300951	88580294	92098752			
1.1	补给水取水泵房	2179148	1367297	509384	90168	1876681	4055829	元 / 座	1	4055829
1.1.1	设备	2179148		237050	57886	237050	2416198			
1.1.2	管道		1367297	272334	32282	1639631	1639631	元 /t	77.47	21165
1.2	补给水输送管道		47102218	34741091	5196868	81843309	81843309	元 /m	30000	2728
1.3	补给水系统厂用电	1339310		60304	13915	60304	1399614			
1.4	厂外架空动力线			4800000		4800000	4800000	元 /km	30	160000
	合计	2337838874	446904436	477944637	70105302	924849073	3262687947			

表 B.4　2×660MW 机组其他费用概算表

单位：元

序号	工程或费用名称	编制依据及计算说明	合价
（一）	建设场地征用及清理费		125356600
1	土地征用费		112284000
1.1	厂区征地费	$39.13hm^2$×15 亩 /hm^2×120000 元 / 亩	70434000
1.2	灰场征地费	$33hm^2$×15 亩 /hm^2×70000 元 / 亩	34650000
1.3	运灰路征地费	$4hm^2$×15 亩 /hm^2×120000 元 / 亩	7200000
2	施工场地租用费		8550000
2.1	厂外补给水管路租地费	$14hm^2$×15 亩 /hm^2×5000 元 /（亩・年）×1 年	1050000
2.2	施工区租地费	$20hm^2$×15 亩 /hm^2×5000 元 /（亩・年）×4 年	6000000
2.3	施工生活区租地费	$5hm^2$×15 亩 /hm^2×5000 元 /（亩・年）×4 年	1500000
3	迁移补偿费		3000000
4	水土保持补偿费	2 元 /m^2×（$39.13hm^2$+$33hm^2$+$4hm^2$）×$10000m^2/hm^2$	1522600
（二）	项目建设管理费		114422067
1	项目法人管理费	（建筑工程费 + 安装工程费）×3.25%	64154572
2	招标费	（建筑工程费 + 安装工程费 + 设备购置费）×0.37%	15542537
3	工程监理费	（建筑工程费 + 安装工程费）×0.95%	18752875
4	设备材料监造费	（设备购置费 + 装置性材料费）×0.3%	8020822
5	施工过程造价咨询及竣工结算审核费	（建筑工程费 + 安装工程费）×0.19%	3750575
6	工程保险费	（建筑工程费 + 安装工程费 + 设备购置费）×0.1%	4200686

续表

序号	工程或费用名称	编制依据及计算说明	合价
（三）	项目建设技术服务费		148471423
1	项目前期工作费	（建筑工程费 + 安装工程费）×1.71%	33755175
2	知识产权转让与研究试验费	试桩费：1200000 元	1200000
3	设备成套技术服务费	设备购置费 ×0.3%	6680097
4	勘察设计费		88700000
4.1	勘察费		12000000
4.2	设计费		65000000
4.3	其他设计费		11700000
4.3.1	施工图预算编制费		6500000
4.3.2	竣工图文件编制费		5200000
5	设计文件评审费		3735000
5.1	初步可行性研究评审费	600000×0.6	360000
5.2	可行性研究文件评审费		600000
5.3	初步设计文件评审费		1800000
5.4	施工图文件评审费		975000
6	项目后评价费	（建筑工程费 + 安装工程费）×0.11%	2171386
7	工程建设检测费		10255778
7.1	电力工程质量检测费	（建筑工程费 + 安装工程费）×0.17%	3355778
7.2	特种设备安全监测费	2×660000kW×2.5 元 /kW	3300000

续表

序号	工程或费用名称	编制依据及计算说明	合价
7.3	环境监测及环境保护验收费		100000
7.4	水土保持监测及验收费		500000
7.5	桩基检测费		3000000
8	电力工程技术经济标准编制费	（建筑工程费 + 安装工程费）×0.1%	1973987
（四）	整套启动试运费		41572962
1	燃煤费	2×660000kW×408h×0.277kg/kWh× 标煤价 0.9 元 /kg×0.97	130235118
2	燃油费	2×605t×7580×1.13 元 /t	10364134
3	其他材料费	2×660MW×3000 元 /MW	3960000
4	厂用电费	660000kW×2×5.2%×240h×0.596161 元 /kWh	9820918
5	售出电费	−660000kW×2×0.75×312h×0.405793 元 /kWh×0.9	−112807208
（五）	生产准备费		45319696
1	管理车辆购置费	设备购置费 ×0.28%	6234757
2	工器具及办公家具购置费	（建筑工程费 + 安装工程费）×0.24%	4737568
3	生产职工培训及提前进厂费	（建筑工程费 + 安装工程费）×1.74%	34347371
（六）	大件运输措施费		3000000
	合计		478142748

附录 C　2×1000MW 机组基本方案概算表

表 C.1　2×1000MW 机组发电工程汇总概算表

单位：万元

序号	工程或费用名称	建筑工程费	设备购置费	安装工程费	其他费用	合计	各项占静态投资比例（%）	单位投资（元/kW）
一	主辅生产工程	112046	313493	119842	3276	548657	78.18	2743
（一）	热力系统	39834	240383	68914		349131	49.75	1746
（二）	燃料供应系统	16726	10358	1342		28426	4.05	142
（三）	除灰系统	1767	3243	1299		6309	0.9	31
（四）	水处理系统	1848	3384	1824		7056	1.02	35
（五）	供水系统	25562	2588	5493		33643	4.79	168
（六）	电气系统	2572	22774	19652		44998	6.41	225
（七）	热工控制系统		10916	9672		20588	2.93	103
（八）	脱硫装置系统	3619	9737	5561	2099	21016	3	105
（九）	脱硝系统	401	5971	3414	1177	10963	1.56	55
（十）	附属生产工程	19717	4139	2671		26527	3.78	133
二	与厂址有关的单项工程	47293	1780	13297	0	62370	8.89	311
（一）	交通运输工程	14800				14800	2.11	74
（二）	储灰场、防浪堤、填海、护岸工程	3107	377	185		3669	0.52	18
（三）	水质净化工程	4128	1216	1860		7204	1.03	36

续表

序号	工程或费用名称	建筑工程费	设备购置费	安装工程费	其他费用	合计	各项占静态投资比例（%）	单位投资（元/kW）
（四）	补给水工程	3580	187	11252		15019	2.14	75
（五）	地基处理工程	18001				18001	2.57	90
（六）	厂区、施工区土石方工程	1976				1976	0.28	9.8
（七）	临时工程	1701				1701	0.24	8.2
三	编制基准期价差	11664		1450		13114	1.87	66
四	其他费用	0	0	0	58525	58525	8.34	293
（一）	建设场地征用及清理费				15234	15234	2.17	76
（二）	项目建设管理费				12601	12601	1.8	63
（三）	项目建设技术服务费				19029	19029	2.71	95
（四）	整套启动试运费				5783	5783	0.82	29
（五）	生产准备费				5178	5178	0.74	26
（六）	大件运输措施费				700	700	0.1	4
五	基本预备费				19111	19111	2.72	96
六	特殊项目							
	工程静态投资	171003	315273	134589	80912	701777	100	3509
	各项占静态投资的比例（%）	24.37	44.92	19.18	11.53	100		
	各项静态单位投资（元/kW）	855	1576	673	405	3509		

表 C.2　2×1000MW 机组建筑工程汇总概算表

单位：元

序号	工程或费用名称	设备费	建筑费	其中：人工费	合计	技术经济指标		
						单位	数量	指标
一	主辅生产工程	34921911	1085541326	125280979	1120463237			
（一）	热力系统	19525063	378816872	45460960	398341935			
1	主厂房本体及设备基础	19218743	285090834	34135827	304309577	元/m^3	620106	491
1.1	主厂房本体	13876043	180794364	22069143	194670407	元/m^3	620106	314
1.1.1	基础结构		16842323	3725188	16842323			
1.1.2	框架结构		59074208	5584379	59074208			
1.1.3	煤斗		14286211	1711301	14286211			
1.1.4	运转层平台		26635477	2294107	26635477			
1.1.5	地面及地下设施		8672064	1198365	8672064			
1.1.6	屋面结构		18155146	850436	18155146			
1.1.7	围护及装饰工程		23786707	4319720	23786707			
1.1.8	煤仓间皮带栈桥		1386072	117443	1386072	元/m	33	42002
1.1.9	固定端		512681	27833	512681			
1.1.10	扩建端		600316	7367	600316			
1.1.11	给排水		1882358	266646	1882358			
1.1.12	采暖、通风、空调	11166043	4910179	1228431	16076222			
1.1.13	照明		2133917	489884	2133917			
1.1.14	锅炉房负压清扫系统	2710000	1916705	248043	4626705			

续表

序号	工程或费用名称	设备费	建筑费	其中：人工费	合计	技术经济指标		
						单位	数量	指标
1.2	集中控制楼	4742700	15634222	2738036	20376922	元 /m^3	35745	570
1.2.1	一般土建		13737626	2188928	13737626			
1.2.2	给排水、采暖、通风、照明	4742700	1896596	549108	6639296			
1.3	锅炉电梯井		3285013	218798	3285013	元 / 座	2	1642507
1.4	锅炉基础		19034957	2182248	19034957	元 / 座	2	9517479
1.5	汽轮发电机基础		25200308	2442921	25200308	元 / 座	2	12600154
1.6	主厂房附属设备基础	600000	13054998	901594	13654998	元 / 座	2	6827499
1.7	送风机室		28086972	3583087	28086972	元 /m^3	61539	456
2	除尘排烟系统	306320	93726038	11325133	94032358			
2.1	电除尘器基础及封闭	226320	15731786	2505700	15958106	元 /m^3	66985	238
2.2	引风机室	80000	11586125	2022084	11666125	元 /m^3	46050	253
2.2.1	一般土建		10117822	1647192	10117822			
2.2.2	给排水、采暖、通风、照明	80000	1468303	374892	1548303			
2.3	除尘器进、出口烟道支架		3439310	449448	3439310	元 / 座	2	1719655
2.4	烟囱（240–2–8.5 钛钢复合板双筒）	0	62343022	6248462	62343022	元 / 座	1	62343022
2.4.1	非钢结构取费		34011421	4540674	34011421			
2.4.2	钢结构取费		28331601	1707788	28331601			
2.5	炉后地坪		625795	99439	625795	元 /m^2	2400	261
（二）	燃料供应系统	2854800	164404385	19303883	167259185			

续表

序号	工程或费用名称	设备费	建筑费	其中：人工费	合计	技术经济指标		
						单位	数量	指标
1	燃煤系统	2709800	161042073	18804484	163751873			
1.1	翻车机室	315800	19900190	2755341	20215990	元/m^3		
1.1.1	一般土建		18954109	2532336	18954109	元/m^3		
1.1.2	给排水、采暖、通风、除尘、照明	315800	946081	223005	1261881			
1.2	翻车机控制及配电室	100000	1044655	177956	1144655			
1.2.1	一般土建		969844	162869	969844			
1.2.2	给排水、采暖、通风、照明	100000	74811	15087	174811			
1.3	翻车机牵车台		2598719	262311	2598719			
1.4	斗轮机轨道基础		8565595	901170	8565595			
1.5	全封闭煤场	0	64493698	5841254	64493698			
1.5.1	非钢结构取费部分		36378366	4474379	36378366			
1.5.2	钢结构取费部分		28115332	1366875	28115332			
1.6	煤系统6kV配电装置室	70000	765866	116663	835866			
1.6.1	一般土建		734806	108167	734806			
1.6.2	给排水、采暖、通风、照明	70000	31060	8496	101060			
1.7	地下输煤道	0	12332278	1217373	12332278	元/m		
1.7.1	C1输煤廊道（11m×3m）	0	10165131	937366	10165131			
1.7.1.1	一般土建		10050036	913351	10050036			

续表

序号	工程或费用名称	设备费	建筑费	其中：人工费	合计	技术经济指标		
						单位	数量	指标
1.7.1.2	给排水、采暖、通风、照明		115095	24015	115095			
1.7.2	C2 输煤廊道（7.4m × 2.5m）	0	1368447	176937	1368447			
1.7.2.1	一般土建		1294192	161443	1294192			
1.7.2.2	给排水、采暖、通风、照明		74255	15494	74255			
1.7.3	C3 输煤廊道（7.4m × 2.5m）	0	798700	103070	798700			
1.7.3.1	一般土建		756003	94161	756003			
1.7.3.2	给排水、采暖、通风、照明		42697	8909	42697			
1.8	输煤栈桥	0	23567192	3501147	23567192	元 /m		
1.8.1	C2 输煤栈桥	0	2279183	394926	2279183			
1.8.1.1	一般土建		2183990	373657	2183990			
1.8.1.2	给排水、采暖、通风、照明		95193	21269	95193			
1.8.2	C3 输煤栈桥	0	2279183	394926	2279183			
1.8.2.1	一般土建		2183990	373657	2183990			
1.8.2.2	给排水、采暖、通风、照明		95193	21269	95193			
1.8.3	C5 输煤栈桥	0	6292229	1096807	6292229			
1.8.3.1	一般土建		6015803	1035044	6015803			
1.8.3.2	给排水、采暖、通风、照明		276426	61763	276426			
1.8.4	C6 输煤栈桥	0	12716597	1614488	12716597			

续表

序号	工程或费用名称	设备费	建筑费	其中：人工费	合计	技术经济指标		
						单位	数量	指标
1.8.4.1	一般土建		12388914	1541273	12388914			
1.8.4.2	给排水、采暖、通风、照明		327683	73215	327683			
1.9	转运站	1860000	13964793	1832664	15824793	元 /m^3		
1.9.1	T1 转运站（地下 1 层，地上 2 层）	380000	5581189	600802	5961189			
1.9.1.1	一般土建		5241658	517163	5241658			
1.9.1.2	给排水、采暖、通风、除尘、照明	380000	339531	83639	719531			
1.9.2	T2 转运站（含 C2 拉紧间，地下 1 层，地上 2 层）	740000	4191802	615931	4931802			
1.9.2.1	一般土建		3704712	495943	3704712			
1.9.2.2	给排水、采暖、通风、除尘、照明	740000	487090	119988	1227090			
1.9.3	T3 转运站（含 C3 拉紧间，地下 1 层，地上 2 层）	740000	4191802	615931	4931802			
1.9.3.1	一般土建		3704712	495943	3704712			
1.9.3.2	给排水、采暖、通风、除尘、照明	740000	487090	119988	1227090			
1.10	碎煤机室	364000	7184131	1141068	7548131	元 /m^3		
1.10.1	一般土建		6352660	954761	6352660	元 /m^3		
1.10.2	给排水、采暖、通风、除尘、照明	364000	831471	186307	1195471			
1.11	C6 采样驱动间	0	3927717	666027	3927717			
1.11.1	一般土建		3478700	565416	3478700			

续表

序号	工程或费用名称	设备费	建筑费	其中：人工费	合计	技术经济指标		
						单位	数量	指标
1.11.2	给排水、采暖、通风、除尘、照明		449017	100611	449017			
1.12	C2 采光间	0	264330	48090	264330			
1.12.1	一般土建		246779	43256	246779			
1.12.2	给排水、采暖、通风、除尘、照明		17551	4834	17551			
1.13	C3 采光间	0	264330	48090	264330			
1.13.1	一般土建		246779	43256	246779			
1.13.2	给排水、采暖、通风、除尘、照明		17551	4834	17551			
1.14	C5 采光间	0	412506	77191	412506			
1.14.1	一般土建		375546	67010	375546			
1.14.2	给排水、采暖、通风、除尘、照明		36960	10181	36960			
1.15	拉紧间	0	324604	54799	324604			
1.15.1	一般土建		308634	50400	308634			
1.15.2	给排水、采暖、通风、除尘、照明		15970	4399	15970			
1.16	火车入厂取样装置基础		840531	88235	840531			
1.17	轨道衡及轨道衡控制室	0	590938	75105	590938			
1.17.1	一般土建		587256	74117	587256			
1.17.2	给排水、采暖、通风、照明		3682	988	3682			
2	燃油系统	145000	3362312	499400	3507312			
2.1	燃油泵房	145000	1803964	286449	1948964	元 /m^3	2817	692

续表

序号	工程或费用名称	设备费	建筑费	其中：人工费	合计	技术经济指标		
						单位	数量	指标
2.1.1	一般土建		1705172	259945	1705172			
2.1.2	给排水、采暖、通风、照明	145000	98792	26504	243792			
2.2	地下卸油池		147522	16339	147522			
2.3	污油池		195765	21273	195765			
2.4	燃料油罐区建筑	0	1215061	175339	1215061			
2.4.1	钢油罐基础		301400	27150	301400			
2.4.2	油罐区附属建筑		913661	148189	913661			
（三）	除灰系统	78000	17591685	2581656	17669685			
1	除渣系统	0	1207619	111839	1207619			
1.1	设备基础		1207619	111839	1207619			
2	除灰系统（气力除灰）	78000	16384066	2469817	16462066			
2.1	灰库	60000	15344402	2300032	15404402			
2.2	灰库区空压机房	18000	1039664	169785	1057664	元/m^3	2080	508
2.2.1	一般土建		966719	150215	966719			
2.2.2	上下水道、采暖、通风、照明	18000	72945	19570	90945			
（四）	水处理系统	1036000	17446954	2575244	18482954			
1	锅炉补给水处理系统	1018000	16982169	2519878	18000169			
1.1	化学水处理车间（综合办公试验楼）	950000	10627352	1804524	11577352	元/m^3	26135	443
1.1.1	一般土建		9501903	1484684	9501903			

续表

序号	工程或费用名称	设备费	建筑费	其中：人工费	合计	技术经济指标		
						单位	数量	指标
1.1.2	给排水、采暖、通风、照明	950000	1125449	319840	2075449			
1.2	室外构筑物		5630164	602203	5630164			
1.3	化水区 6kV 配电装置室	68000	724653	113151	792653	元 /m^3	1053	753
1.3.1	一般土建		688554	103276	688554			
1.3.2	给排水、采暖、通风、照明	68000	36099	9875	104099			
2	循环水处理系统	18000	464785	55366	482785			
2.1	循环水加氯间	18000	123855	23533	141855	元 /m^3	174	815
2.1.1	一般土建		117753	21896	117753			
2.1.2	给排水、采暖、通风、照明	18000	6102	1637	24102			
2.2	加氯低位储罐区		165494	18097	165494			
2.3	加氯高位储罐区		175436	13736	175436			
（五）	供水系统	99600	255523790	34702093	255623390			
1	凝汽器冷却系统（二次循环水冷却）	99600	255523790	34702093	255623390			
1.1	循环水泵房	99600	18810531	2666776	18910131	元 /m^3	33198	570
1.1.1	一般土建		18018416	2469132	18018416			
1.1.2	给排水、采暖、通风、照明	99600	792115	197644	891715			
1.2	循环水电气间	0	450986	77304	450986	元 /m^3	854	528
1.2.1	一般土建		421709	69296	421709			

续表

序号	工程或费用名称	设备费	建筑费	其中：人工费	合计	技术经济指标		
						单位	数量	指标
1.2.2	给排水、采暖、通风、照明		29277	8008	29277			
1.3	12000m^2 冷却塔		216910792	29482861	216910792			
1.4	冷却塔隔声墙		2484696	218342	2484696			
1.5	循环水回水沟		12175323	1469585	12175323			
1.6	循环水管道建筑		2350055	519682	2350055	元 /m	855	2749
1.7	循环水井池	0	2341407	267543	2341407			
1.7.1	阀门井		1205641	137672	1205641			
1.7.2	流量测井		1135766	129871	1135766			
（六）	电气系统	1080000	24644122	2359891	25724122			
1	变配电系统建筑	0	21338288	1787300	21338288			
1.1	汽机房 A 排外构筑物		11059625	976293	11059625			
1.2	500kV 屋外配电装置		9765083	765476	9765083			
1.3	全厂独立避雷针		513580	45531	513580			
2	控制系统建筑	1080000	3305834	572591	4385834			
2.1	继电器室	1080000	3305834	572591	4385834	元 /m^3	7606	577
2.1.1	一般土建		2986164	508123	2986164			
2.1.2	给排水、采暖、通风、照明	1080000	319670	64468	1399670			
（七）	脱硫系统		36186000		36186000			
（八）	脱硝系统		4005000		4005000			

续表

序号	工程或费用名称	设备费	建筑费	其中：人工费	合计	技术经济指标		
						单位	数量	指标
（九）	附属生产工程	10248448	186922518	18297252	197170966			
1	辅助生产工程	244000	11036819	1202322	11280819			
1.1	空压机室	30000	1720019	266684	1750019	元 /m^3	3123	560
1.1.1	一般土建		1610496	237301	1610496			
1.1.2	给排水、采暖、通风、照明	30000	109523	29383	139523			
1.2	制氢站	62000	1210047	222540	1272047	元 /m^3	2636	483
1.2.1	一般土建		1001475	168693	1001475			
1.2.2	给排水、采暖、通风、照明	62000	92444	24801	154444			
1.2.3	围墙		116128	29046	116128			
1.3	检修间		3000000		3000000	元 /m^2	1200	2500
1.4	启动锅炉房	152000	4606753	713098	4758753	元 /m^3	8506	559
1.4.1	一般土建		4281396	632351	4281396			
1.4.2	给排水、采暖、通风、照明	152000	325357	80747	477357			
1.5	推煤机库		500000		500000	元 /m^2	200	2500
2	附属生产建筑	0	22920000	0	22920000			
2.1	生产行政综合楼		11900000		11900000	元 /m^2	3400	3500
2.2	一般材料库		5000000		5000000	元 /m^2	2000	2500
2.3	特种材料库		1250000		1250000	元 /m^2	500	2500
2.4	主警卫室		180000		180000	元 /m^2	60	3000

续表

序号	工程或费用名称	设备费	建筑费	其中：人工费	合计	技术经济指标		
						单位	数量	指标
2.5	次警卫室		90000		90000	元/m^2	30	3000
2.6	运行及维护人员办公用房		4500000		4500000	元/m^2	1500	3000
3	环境保护设施	77000	46399063	1622468	46476063			
3.1	生活污水处理站	0	1207787	264565	1207787			
3.1.1	生活污水调节池		224010	26042	224010			
3.1.2	生活污水处理设备基础		179553	16563	179553			
3.1.3	生活污水回用水池		224010	26042	224010			
3.1.4	生活污水管道土方及检查井		580214	195918	580214			
3.2	工业废水处理站	77000	12754298	1177700	12831298			
3.2.1	废水综合楼	77000	1472796	251777	1549796	元/m^3	3069	505
3.2.1.1	一般土建		1343810	225764	1343810			
3.2.1.2	给排水、采暖、通风、照明	77000	128986	26013	205986			
3.2.2	废水贮存池		9437114	710306	9437114			
3.2.3	浓缩池		627768	71119	627768			
3.2.4	清净水池、中和池及污水池		424920	40970	424920			
3.2.5	酸碱加药间	0	184763	30132	184763	元/m^3	409	452
3.2.5.1	一般土建		170419	26284	170419			
3.2.5.2	给排水、采暖、通风、照明		14344	3848	14344			

续表

序号	工程或费用名称	设备费	建筑费	其中：人工费	合计	技术经济指标		
						单位	数量	指标
3.2.6	风机基础		15333	1443	15333			
3.2.7	pH 调整、反应、絮凝槽基础		34874	3157	34874			
3.2.8	低位酸碱槽		556730	68796	556730			
3.3	机组排水槽		1436978	180203	1436978			
3.4	噪声治理设施		25000000		25000000			
3.5	厂区绿化		6000000		6000000			
4	消防系统	8945048	14082588	3043339	23027636			
4.1	1000m^3 消防水池		1788581	219003	1788581			
4.2	泡沫消防室	0	266352	54449	266352	元 /m^3	648	411
4.2.1	一般土建		243627	48352	243627			
4.2.2	给排水、采暖、通风、照明		22725	6097	22725			
4.3	厂区消防管路		5894125	1969107	5894125	元 /m	10000	589
4.4	特殊消防系统	8945048	5533530	800780	14478578			
4.5	消防车库		600000		600000	元 /m^2	600	1000
5	厂区性建筑	32400	80294256	11897225	80326656			
5.1	厂区道路及广场		33922191	4235913	33922191			
5.2	围墙及大门		3213946	676657	3213946			
5.3	厂区管道支架		13361477	1736701	13361477			

续表

序号	工程或费用名称	设备费	建筑费	其中：人工费	合计	技术经济指标		
						单位	数量	指标
5.4	厂区沟道		3666877	682931	3666877			
5.5	生活给排水		1591349	523725	1591349	元 /m	2200	723
5.6	雨水泵房	32400	6849424	853939	6881824	元 /m^3	6614	1040
5.6.1	一般土建		6691612	814563	6691612			
5.6.2	给排水、采暖、通风、照明	32400	157812	39376	190212			
5.7	厂区雨水管道		17622992	3187359	17622992	元 /m	13892	1269
5.8	自行车棚		66000		66000			
6	厂区采暖工程	950000	2439792	531898	3389792			
6.1	加热站	950000	596088	101967	1546088	元 /m^3	900	1718
6.1.1	一般土建		564525	93499	564525			
6.1.2	给排水、采暖、通风、照明	950000	31563	8468	981563			
6.2	厂区热网管道		1843704	429931	1843704			
7	厂前公共福利工程	0	9750000	0	9750000			
7.1	食堂		3450000		3450000	元 /m^2	1150	3000
7.2	宿舍（夜班宿舍 + 检修宿舍）		6300000		6300000	元 /m^2	2100	3000
二	与厂址有关的单项工程	653000	472273773	42981769	472926773			
（一）	交通运输工程	0	148003493	1840721	148003493			
1	铁路	0	136500000	0	136500000			

续表

序号	工程或费用名称	设备费	建筑费	其中：人工费	合计	技术经济指标		
						单位	数量	指标
1.1	厂外铁路		120000000		120000000	元 /km	12	10000000
1.2	厂内铁路		16500000		16500000	元 /km	5.5	3000000
2	厂外公路	0	11503493	1840721	11503493			
2.1	进厂公路		3286712	525920	3286712			
2.2	运灰公路		8216781	1314801	8216781			
（二）	储灰场、防浪堤、填海、护岸工程	82000	30985234	5533009	31067234			
1	灰（坝）场	82000	30985234	5533009	31067234			
1.1	初期灰坝	0	26915430	4654571	26915430			
1.1.1	灰坝		1291815	206104	1291815			
1.1.2	1# 黏土堤		199156	18263	199156			
1.1.3	灰场排水盲沟		137303	16540	137303			
1.1.4	场内排水卧管		20365923	3684553	20365923			
1.1.5	引水头部		218411	30708	218411			
1.1.6	排水卧管消力池		705415	170706	705415			
1.1.7	出水沟		954770	193492	954770			
1.1.8	出水段河道整治		43833	6520	43833			
1.1.9	厂内临时运灰道路		713686	124265	713686			
1.1.10	场地全面防渗		2285118	203420	2285118			
1.2	灰场管理站	82000	4069804	878438	4151804			

续表

序号	工程或费用名称	设备费	建筑费	其中：人工费	合计	技术经济指标		
						单位	数量	指标
1.2.1	灰场管理站生活及办公楼	82000	847311	172325	929311	元 /m^2	307	3027
1.2.2	灰场管理站车库		973954	156898	973954	元 /m^2	413	2358
1.2.3	灰场升压及冲洗泵房		218187	37297	218187	元 /m^3	426	512
1.2.4	灰场配电室		159718	32647	159718	元 /m^3	564	283
1.2.5	灰场隔离变		13775	1006	13775			
1.2.6	站区围墙		191518	41632	191518			
1.2.7	500m^3 蓄水池		448207	56236	448207			
1.2.8	照明灯塔		303690	26923	303690			
1.2.9	站区道路灰场管理站围墙、地坪及大门		511525	97862	511525			
1.2.10	灰场水管线建筑		401919	255612	401919			
（三）	水质净化工程	214000	41066329	5304341	41280329			
1	水质净化系统	214000	41066329	5304341	41280329			
1.1	综合水泵房加消防泵房	88000	2826869	468801	2914869	元 /m^3	8204	355
1.1.1	一般土建		2631119	419958	2631119			
1.1.2	给排水、采暖、通风、照明	88000	195750	48843	283750			
1.2	1000m^3 工业 、回用水池		5358811	656497	5358811			
1.3	220m^3 空气擦洗滤池基础		239220	25541	239220			
1.4	中间调节清水池		386118	43143	386118			
1.5	1400m^3/h 反应沉淀池		26062589	3062254	26062589			

续表

序号	工程或费用名称	设备费	建筑费	其中：人工费	合计	技术经济指标		
						单位	数量	指标
1.6	污泥沉淀池		1174872	135484	1174872			
1.7	配水井		259678	31300	259678			
1.8	加药及过滤间	63000	1792818	301214	1855818	元 /m^3	5386	345
1.8.1	一般土建		1603932	250540	1603932			
1.8.2	给排水、采暖、通风、照明	63000	188886	50674	251886			
1.9	泥水升压泵房	63000	2965354	580107	3028354	元 /m^3	3749	808
1.9.1	一般土建		2875902	557787	2875902			
1.9.2	给排水、采暖、通风、照明	63000	89452	22320	152452			
（四）	补给水工程	357000	35438960	5528480	35795960			
1	补给水系统	357000	35438960	5528480	35795960			
1.1	补给水取水泵房	357000	17380703	2567843	17737703	元 /m^3	27505	645
1.1.1	一般土建		16724425	2404092	16724425			
1.1.2	给排水、采暖、通风、照明	357000	656278	163751	1013278			
1.2	补给水泵房小区	0	8475668	1565943	8475668			
1.2.1	值班分析室		628201	112625	628201	元 /m^3	1150	546
1.2.2	电气室		742201	129819	742201	元 /m^3	1320	562
1.2.3	围墙		485356	137699	485356			
1.2.4	小区内外道路		1408591	225394	1408591			
1.2.5	小区绿化		23200		23200			

续表

序号	工程或费用名称	设备费	建筑费	其中：人工费	合计	技术经济指标		
						单位	数量	指标
1.2.6	小区回填		4153974	772975	4153974			
1.2.7	小区驳岸		1034145	187431	1034145			
1.3	补给水管线建筑	0	9582589	1394694	9582589			
1.3.1	补给水管线建筑（厂内段）		183826	35234	183826			
1.3.2	补给水管线建筑（厂外段）		8608412	1235260	8608412			
1.3.3	阀门井		790351	124200	790351			
（五）	地基处理	0	180006947	22875154	180006947			
1	热力系统		104948505	13948868	104948505			
2	燃料供应系统		15663085	2217576	15663085			
3	除灰系统		4511216	509023	4511216			
4	水处理系统		9413097	498041	9413097			
5	供水系统		31084240	3785790	31084240			
6	电气系统		4078720	247122	4078720			
7	附属生产工程		3081341	875960	3081341			
8	厂址有关项目		7226743	792774	7226743			
（六）	厂区、施工区土石方工程	0	19760000	0	19760000			
（七）	临时工程（建筑安装工程取费系数以外的项目）	0	17012810	1900064	17012810			
1	施工电源	0	4312299	0	4312299			

续表

序号	工程或费用名称	设备费	建筑费	其中：人工费	合计	技术经济指标		
						单位	数量	指标
1.1	对侧变电间隔及 10kV 线路		3254188		3254188			
1.2	厂区施工区 10kV 环网工程		908111		908111			
1.3	施工变电站		150000		150000			
2	施工水源	0	2194086	82754	2194086			
2.1	一般土建		756912	82754	756912			
2.2	设备及安装		1437174		1437174			
3	施工道路		3042470	505310	3042470			
4	施工通信		132999		132999			
5	施工降水		7330956	1312000	7330956			
	合计	35574911	1557815099	168262748	1593390010			

表 C.3　2×1000MW 机组安装工程汇总概算表

单位：元

序号	工程或费用名称	设备购置费	安装工程费				合计	技术经济指标		
			装置性材料费	安装费	其中：人工费	小计		单位	数量	指标
一	主辅生产工程	3134925675	640382802	558040642	93723483	1198423444	4333349119			
（一）	热力系统	2403829499	370091229	319050117	49248640	689141346	3092970845	元 /kW	2000000	1546
1	锅炉机组	1457530948	63832947	199200337	30608013	263033284	1720564232	元 /kW	2000000	860
1.1	锅炉本体	1104311600	9101065	146388693	21230457	155489758	1259801358	元 / 台（炉）	2	629900679
1.1.1	组合安装	1095450000		135714175	20495481	135714175	1231164175			
1.1.2	点火系统	8861600		1051972	238119	1051972	9913572			
1.1.3	分部试验及试运		9101065	9622546	496857	18723611	18723611			
1.2	风机	32425400		2178950	500786	2178950	34604350	元 / 台（炉）	2	17302175
1.3	除尘装置	173264420		25960474	4904760	25960474	199224894	元 / 台（炉）	2	99612447
1.4	制粉系统	99813840		1987226	498123	1987226	101801066	元 / 台（炉）	2	50900533
1.5	烟风煤管道	0	53842737	18189168	2565919	72031905	72031905	元 /t	5770	12484
1.5.1	冷风道		9064860	3126249	444700	12191109	12191109	元 /t	1000	12191
1.5.2	热风道		12029641	4088156	578110	16117797	16117797	元 /t	1300	12398
1.5.3	烟道		18205656	6483765	933870	24689421	24689421	元 /t	2100	11757
1.5.4	原煤管道		354481	146638	22235	501119	501119	元 /t	50	10022

续表

序号	工程或费用名称	设备购置费	安装工程费				合计	技术经济指标		
			装置性材料费	安装费	其中：人工费	小计		单位	数量	指标
1.5.5	送粉管道		14188099	4344360	587004	18532459	18532459	元 /t	1320	14040
1.6	锅炉其他辅助机	47715688	889145	4495826	907968	5384971	53100659	元 / 台（炉）	2	26550330
2	汽轮发电机组	946298551	319022	20266102	4036038	20585124	966883675	元 /kW	2000000	483
2.1	汽轮发电机本体	686439120		12900715	2415140	12900715	699339835	元 / 台（炉）	2	349669918
2.2	汽轮发电机辅助设备	144395744		5482727	1258810	5482727	149878471	元 / 台（炉）	2	74939236
2.3	旁路系统	17481520		286522	25625	286522	17768042			
2.4	除氧给水装置	89810302		1077550	230850	1077550	90887852			
2.5	汽轮机其他辅机	8171865	319022	518588	105613	837610	9009475			
3	热力系统汽水管道	0	271857148	57398066	5035692	329255214	329255214	元 /t	5880	55996
3.1	主蒸汽、再热蒸汽及主给水管道	0	202612966	33343577	1649559	235956543	235956543	元 /t	2924	80696
3.1.1	主蒸汽管道		70869668	11428961	512667	82298629	82298629	元 /t	890	92470
3.1.2	热再热蒸汽管道		77081623	11677799	475836	88759422	88759422	元 /t	918	96688
3.1.3	冷再热蒸汽管道		13024922	2751439	198943	15776361	15776361	元 /t	360	43823
3.1.4	主给水管道		41636753	7485378	462113	49122131	49122131	元 /t	756	64976
3.2	中、低压汽水管道	0	60055999	20720842	2890755	80776841	80776841	元 /t	2488	32467
3.2.1	抽汽管道		10734571	3079532	412815	13814103	13814103	元 /t	390	35421

续表

序号	工程或费用名称	设备购置费	安装工程费				合计	技术经济指标		
			装置性材料费	安装费	其中：人工费	小计		单位	数量	指标
3.2.2	辅助蒸汽管道		8954380	3404345	514431	12358725	12358725	元/t	486	25429
3.2.3	中、低压水管道		20215320	6306640	880672	26521960	26521960	元/t	832	31877
3.2.4	加热器疏水、排气、除氧器溢放水管道		6367292	2110921	302731	8478213	8478213	元/t	286	29644
3.2.5	凝汽器抽真空管道					0	0	元/t		
3.2.6	汽轮机本体轴封蒸汽及疏水系统		1949774	731793	110084	2681567	2681567	元/t	104	25784
3.2.7	给水泵汽轮机本体系统管道					0	0	元/t		
3.2.8	主厂房循环水		9794074	2011223	241121	11805297	11805297	元/t	390	30270
3.2.9	锅炉蒸汽吹洗管道		2040588	3076388	428901	5116976	5116976			
3.3	主厂房内油管道及其他管道	0	9188183	3333647	495378	12521830	12521830	元/t	468	26756
3.3.1	汽轮发电机组油、氮气、二氧化碳管道		1999015	736617	110084	2735632	2735632	元/t	104	26304
3.3.2	其他管道		7189168	2597030	385294	9786198	9786198	元/t	364	26885
4	热力系统保温及油漆	0	34082112	31200185	6306241	65282297	65282297	元/m^3	27920	2338
4.1	锅炉炉墙砌筑		9594638	7642088	1553576	17236726	17236726	元/m^3	7490	2301
4.2	锅炉本体保温		9434144	7695191	1494226	17129335	17129335	元/m^3	7400	2315
4.3	除尘器保温		2689099	3135164	648930	5824263	5824263	元/m^3	3000	1941

续表

序号	工程或费用名称	设备购置费	安装工程费				合计	技术经济指标		
			装置性材料费	安装费	其中：人工费	小计		单位	数量	指标
4.4	锅炉辅机保温		274111	316448	65551	590559	590559	元 /m^3	300	1969
4.5	汽轮发电机组设备保温		4866151	1314945	184874	6181096	6181096	元 /m^3	980	6307
4.6	管道保温		7223969	8023668	1918053	15247637	15247637	元 /m^3	8750	1743
4.7	油漆			3072681	441031	3072681	3072681			
5	调试工程	0	0	10985427	3262656	10985427	10985427			
5.1	分系统调试			3457358	1139887	3457358	3457358			
5.2	整套启动调试			3840970	1186235	3840970	3840970			
5.3	特殊调试			3687099	936534	3687099	3687099			
（二）	燃料供应系统	103575992	4754111	8666409	2001470	13420520	116996512	元 /kW	2000000	58
1	输煤系统	102151087	3802269	7964142	1867072	11766411	113917498	元 /kW	2000000	57
1.1	卸煤系统	32475750		1153166	301838	1153166	33628916			
1.2	储煤系统	36151300	0	1738977	395864	1738977	37890277			
1.2.1	煤场机械	36151300		1738977	395864	1738977	37890277			
1.3	皮带机上煤系统	27381337	1533862	2635348	583627	4169210	31550547			
1.4	碎煤系统	4229400		238897	51861	238897	4468297			
1.5	水力清扫系统	1913300	2268407	2197754	533882	4466161	6379461			
2	燃油系统	1424905	951842	702267	134398	1654109	3079014	元 /kW	2000000	1.5
2.1	设备	1424905	394526	416013	82062	810539	2235444			
2.2	管道		557316	286254	52336	843570	843570	元 /t	30	28119

续表

序号	工程或费用名称	设备购置费	安装工程费				合计	技术经济指标		
			装置性材料费	安装费	其中：人工费	小计		单位	数量	指标
（三）	除灰系统	32427079	6909883	6079855	1301617	12989738	45416817	元 /kW	2000000	23
1	厂内除渣系统（干除渣）	14985167	164483	2043661	507892	2208144	17193311			
1.1	碎渣、除渣设施	14985167		1978087	496548	1978087	16963254			
1.2	管道		164483	65574	11344	230057	230057			
2	除灰系统（气力除灰）	15641912	6745400	4036194	793725	10781594	26423506			
2.1	除灰输送系统	10095356	6745400	4036194	793725	10781594	20876950			
2.1.1	设备	10095356	56433	1028117	255930	1084550	11179906			
2.1.2	管道		6688967	3008077	537795	9697044	9697044			
2.2	其他辅助系统	5546556				0	5546556			
3	运输设备	1800000				0	1800000			
（四）	化学水处理系统	33839480	7102329	11141138	2436491	18243467	52082947	元 /kW	2000000	26
1	预处理系统	3806460	1545211	2544238	530838	4089449	7895909			
2	锅炉补充水处理系统	7688445	4076475	4840831	929269	8917306	16605751			
3	凝结水精处理系统	16112000	467515	420571	91494	888086	17000086			
4	循环水处理系统	2546955	103387	206074	48131	309461	2856416			
4.1	加酸系统	755250	54437	124919	28784	179356	934606			
4.2	加氯系统	1791705	48950	81155	19347	130105	1921810			
5	给水炉水校正处理	1067420	386240	371869	76064	758109	1825529			

续表

序号	工程或费用名称	设备购置费	安装工程费				合计	技术经济指标		
			装置性材料费	安装费	其中：人工费	小计		单位	数量	指标
6	汽水取样系统	2618200	523501	1032897	216454	1556398	4174598			
7	调试工程	0	0	1724658	544241	1724658	1724658			
7.1	分系统调试			873521	263024	873521	873521			
7.2	整套启动调试			851137	281217	851137	851137			
（五）	供水系统	25879900	40928195	14004069	1744435	54932264	80812164	元 /kW	2000000	40
1	凝汽器冷却系统（二次循环水冷却）	25879900	40928195	7490886	795455	48419081	74298981			
1.1	循环水泵房	25879900	8290825	2119102	271657	10409927	36289827	元 /kW	2000000	18
1.2	循环水管道		32637370	5371784	523798	38009154	38009154	元 /t	4586	8288
2	供水系统防腐			6513183	948980	6513183	6513183			
（六）	电气系统	227737100	120190948	76331862	17132383	196522810	424259910	元 /kW	2000000	212
1	发电机电气与引出线	0	12561148	4123345	579254	16684493	16684493	元 /kW	2000000	8.3
1.1	发电机电气与出线间		1814396	962680	146264	2777076	2777076			
1.2	发电机引出线		10746752	3160665	432990	13907417	13907417	元 / 三相米	400	34769
2	主变压器系统	85252460	49616	920263	124202	969879	86222339	元 /kVA	2532000	34
2.1	主变压器	61426840	49616	544114	66747	593730	62020570	元 /kVA	2280000	27
2.2	厂用高压变压器	12688200		135501	26522	135501	12823701	元 /kVA	168000	76
2.3	高压启动 / 备用变压器	11137420		240648	30933	240648	11378068	元 /kVA	84000	135

续表

序号	工程或费用名称	设备购置费	安装工程费				合计	技术经济指标		
			装置性材料费	安装费	其中：人工费	小计		单位	数量	指标
3	配电装置	18770480	1593205	1559857	264278	3153062	21923542	元 /kW	2000000	11
3.1	500kV 屋外配电装置	18770480	1593205	1559857	264278	3153062	21923542	间隔	7	3131935
4	主控及直流系统	27247084	0	1477563	369512	1477563	28724647	元 /kW	2000000	14
4.1	集控楼设备	5709690		463264	119196	463264	6172954			
4.2	继电器楼设备	12879530	0	485213	124107	485213	13364743			
4.2.1	网络监控系统	2064350		76543	18513	76543	2140893			
4.2.2	各种屏、台盘等	503500		5467	1322	5467	508967			
4.2.3	系统继电保护	5619060		370398	96338	370398	5989458			
4.2.4	系统调度自动化	4692620		32805	7934	32805	4725425			
4.3	输煤集中控制	2567850		236030	63877	236030	2803880			
4.4	直流系统	6090014		293056	62332	293056	6383070			
5	厂用电系统	90241802	10972101	12502265	2522981	23474366	113716168	元 /kW	2000000	57
5.1	主厂房用电系统	45825549	7850528	6241138	1197309	14091666	59917215			
5.1.1	高压厂用母线		7850528	1351604	119467	9202132	9202132	元 / 三相米	810	11361
5.1.2	高压配电装置	18589220		1128582	213574	1128582	19717802	元 / 台	160	123236
5.1.3	低压配电装置	17093825		1464325	345694	1464325	18558150	元 / 台	293	63338
5.1.4	低压厂用变压器	3629228		100806	19888	100806	3730034	元 / 台	18	207224
5.1.5	机炉车间电气设备	753236		73673	16553	73673	826909	元 / 台	108	7657

续表

序号	工程或费用名称	设备购置费	安装工程费				合计	技术经济指标		
			装置性材料费	安装费	其中：人工费	小计		单位	数量	指标
5.1.6	电气除尘器电源装置			2106723	478007	2106723	2106723			
5.1.7	高压变频装置	5760040		15425	4126	15425	5775465	元 /kW	2000000	3
5.2	主厂房外车间厂用电	33862893	226000	2921249	660517	3147249	37010142	元 /kW	2000000	19
5.2.1	输煤系统厂用电	8533318		672363	145721	672363	9205681			
5.2.2	除灰系统厂用电	9065014		992069	250321	992069	10057083			
5.2.3	水处理系统厂用电	4838635		372004	75772	372004	5210639			
5.2.4	循环水冷却系统厂用电及控制	1727005		128484	30181	128484	1855489			
5.2.5	生产管理区厂用电	1666585	226000	141747	16295	367747	2034332			
5.2.6	油库区厂用电及控制	1663564		111270	26151	111270	1774834			
5.2.7	综合泵房厂用电及控制	2109665		145915	34325	145915	2255580			
5.2.8	废水处理系统厂用电及控制	1601130		121467	28500	121467	1722597			
5.2.9	灰场管理小区配电装置	186295		16046	3751	16046	202341			
5.2.10	补给水泵房区域配电装置	1140428		87540	18620	87540	1227968			
5.2.11	其他辅助厂房开关柜	1087560		110515	25975	110515	1198075			
5.2.12	全厂低压配电箱	243694		21829	4905	21829	265523			
5.3	事故保安电源装置	7653200		121320	33228	121320	7774520	元 /kW	2000000	3.9
5.4	不停电电源装置	2396660		34646	7296	34646	2431306	元 /kW	2000000	1

续表

序号	工程或费用名称	设备购置费	安装工程费				合计	技术经济指标		
			装置性材料费	安装费	其中：人工费	小计		单位	数量	指标
5.5	全厂行车滑线		356899	741156	188142	1098055	1098055	元/m	2632	417
5.6	设备及构筑物照明	503500	2538674	2442756	436489	4981430	5484930	元/kW	2000000	2.7
6	电缆及接地	0	94803880	50790681	11765924	145594561	145594561	元/kW	2000000	73
6.1	电缆	0	68212981	24244930	4515860	92457911	92457911	元/m	1490000	62
6.1.1	电力电缆		56342331	14280412	2104060	70622743	70622743	元/m	490000	144
6.1.2	控制电缆		11870650	9964518	2411800	21835168	21835168	元/m	1000000	22
6.2	桥架、支架		13952087	13047777	3421940	26999864	26999864	元/t	1720	15698
6.3	电缆保护管		1578190	154597		1732787	1732787	元/t	200	8664
6.4	电缆防火		3421280	2097032	553050	5518312	5518312	元/kW	2000000	2.8
6.5	全厂接地	0	7639342	11246345	3275074	18885687	18885687			
6.5.1	接地		7639342	11246345	3275074	18885687	18885687	元/t	376.1	50215
7	通信系统	6225274	210998	317893	78485	528891	6754165	元/kW	2000000	3.4
7.1	行政与调度通信系统	2318114	152550	177351	43359	329901	2648015			
7.2	系统通讯	3907160	58448	140542	35126	198990	4106150			
7.2.1	系统通信电厂本体部分	1601130		28656	6941	28656	1629786			
7.2.2	光通信工程电厂部分	2306030	58448	111886	28185	170334	2476364			
8	调试工程	0	0	4639995	1427747	4639995	4639995	元/kW	2000000	2
8.1	分系统调试			2766338	901845	2766338	2766338	元/kW	2000000	1.4
8.2	整套启动调试			1636922	501154	1636922	1636922	元/kW	2000000	0.8

续表

序号	工程或费用名称	设备购置费	安装工程费				合计	技术经济指标		
			装置性材料费	安装费	其中：人工费	小计		单位	数量	指标
8.3	特殊调试			236735	24748	236735	236735	元 /kW	2000000	0.1
（七）	热工控制系统	109155651	42813670	53908199	14017385	96721869	205877520	元 /kW	2000000	103
1	主厂房内控制系统及仪表	62812000	0	8413366	2315152	8413366	71225366	元 /kW	2000000	36
1.1	厂级信息监控系统（SIS）	6000000				0	6000000	元 / 套	1	6000000
1.2	分散控制系统（DCS）	13091000		7120245	1983064	7120245	20211245	元 / 点	26000	777
1.3	管理信息系统（MIS）	9000000				0	9000000			
1.4	电厂智能化	30000000				0	30000000			
1.5	全厂闭路电视	3021000		969841	249066	969841	3990841	元 / 点	300	13303
1.6	全厂门禁系统	1700000		323280	83022	323280	2023280	元 / 点	200	10116
1.7	辅助车间集中控制网络					0	0			
2	机组控制	32953068	0	3061798	782141	3061798	36014866	元 /kW	2000000	18
2.1	机组成套控制装置	7381310		2519885	656446	2519885	9901195			
2.2	现场仪表及执行机构	23608108				0	23608108			
2.3	电动门控制保护屏柜	1963650		541913	125695	541913	2505563			
3	辅助车间控制系统及仪表	13390583	0	2469926	685067	2469926	15860509	元 /kW	2000000	7.9
3.1	辅助车间自动控制装置	8556983		2469926	685067	2469926	11026909			
3.2	现场仪表及执行机构	4833600				0	4833600			
4	电缆及辅助设施	0	42813669.97	34409595	8394809	77223264.97	77223264.97	元 /kW	2000000	39
4.1	电缆		21707788	17695411	4301587	39403199	39403199	元 /m	1400000	28

续表

序号	工程或费用名称	设备购置费	安装工程费				合计	技术经济指标		
			装置性材料费	安装费	其中：人工费	小计		单位	数量	指标
4.2	桥架、支架		4906980	4419642	1153910	9326622	9326622	元/t	580	16080
4.3	电缆保护管		1615525	158254		1773779	1773779	元/t	169.4	10471
4.4	电缆防火		21798	37089	11682	58887	58887			
4.5	其他材料		14561578.97	12099199	2927630	26660777.97	26660777.97	元/kW	2000000	13
5	调试工程	0	0	5553514	1840216	5553514	5553514	元/kW	2000000	3
5.1	分系统调试			3898224	1286305	3898224	3898224	元/kW	2000000	2
5.2	整套启动调试			1655290	553911	1655290	1655290			
（八）	脱硫装置系统	97374000	18000000	37605000		55605000	152979000	元/kW	2000000	76
（九）	脱硝系统	59714684	14560518	19574500	3407448	34135018	93849702	元/kW	2000000	47
（十）	附属生产工程	41392290	15031919	11679493	2433614	26711412	68103702	元/kW	2000000	34
1	辅助生产工程	19616360	9277703	7179718	1485430	16457421	36073781			
1.1	空压机站	6142700	3542437	1652711	315138	5195148	11337848			
1.2	制氢站	2114700	615240	697568	144126	1312808	3427508			
1.3	油处理系统	866020	78795	52940	10873	131735	997755			
1.4	车间检查设备	725040		106460	31208	106460	831500			
1.5	启动锅炉房	9767900	5041231	4670039	984085	9711270	19479170			
1.5.1	锅炉本体及辅助设备	9264400		1559964	340383	1559964	10824364			
1.5.2	炉墙砌筑		2496080	1073602	237395	3569682	3569682			
1.5.3	烟风油管道		800718	687945	134592	1488663	1488663			

续表

序号	工程或费用名称	设备购置费	安装工程费				合计	技术经济指标		
			装置性材料费	安装费	其中：人工费	小计		单位	数量	指标
1.5.4	汽水管道		1248650	681723	133565	1930373	1930373			
1.5.5	启动锅炉水处理系统	503500	74709	75403	15431	150112	653612			
1.5.6	保温油漆		421074	591402	122719	1012476	1012476			
2	附属生产安装工程	5760000	0	0	0	0	5760000			
2.1	试验室设备	5760000	0	0	0	0	5760000			
2.1.1	化学试验室	1500000				0	1500000			
2.1.2	金属试验室	720000				0	720000			
2.1.3	热工试验室	1200000				0	1200000			
2.1.4	电气试验室	1200000				0	1200000			
2.1.5	环保试验室	720000				0	720000			
2.1.6	劳保监测站、安全教育室	420000				0	420000			
3	环境保护与监测装置	10187316	3942373	3941255	858885	7883628	18070944			
3.1	机组排水槽	503500	628659	511998	110972	1140657	1644157			
3.2	工业废水处理	4984147	1606572	1552569	313665	3159141	8143288			
3.3	生活污水处理	2108658	1393261	1342768	306395	2736029	4844687			
3.4	含煤废水处理	2591011	313881	533920	127853	847801	3438812			
4	消防系统	3224512	345312	192110	34077	537422	3761934			
4.1	消防水泵房设备及管道	1224512	345312	192110	34077	537422	1761934			
4.2	消防车	2000000				0	2000000			

续表

序号	工程或费用名称	设备购置费	安装工程费				合计	技术经济指标		
			装置性材料费	安装费	其中：人工费	小计		单位	数量	指标
5	雨水泵房	2604102	1466531	366410	55222	1832941	4437043			
二	与厂址有关的单项工程	17796330	70940751	62027119	9607353	132967870	150764200			
（一）	储灰场工程	3769201	1387210	463164	67428	1850374	5619575			
1	灰场机械	2200295				0	2200295			
2	灰场喷洒水系统设备及管道	1568906	1387210	463164	67428	1850374	3419280			
（二）	水质净化工程	12157547	9906884	8691806	1493705	18598690	30756237	元/kW	2000000	15
1	水质净化系统	12157547	9906884	8691806	1493705	18598690	30756237			
1.1	净化站内机械设备	12157547	9906884	8691806	1493705	18598690	30756237			
1.1.1	设备	12157547		1339001	298369	1339001	13496548			
1.1.2	管道		9906884	3329680	592393	13236564	13236564			
1.1.3	保温油漆			4023125	602943	4023125	4023125			
（三）	补给水工程	1869582	59646657	52872149	8046220	112518806	114388388			
1	补给水系统	1869582	59646657	52872149	8046220	112518806	114388388			
1.1	补给水取水泵房	1869582	946584	278188	43740	1224772	3094354			
1.2	补给水输送管道		58700073	52593961	8002480	111294034	111294034	元/m	30000	3710
	合计	3152722005	711323553	620067761	103330863	1331391314	4484113319			

表 C.4　2×1000MW 机组其他费用概算表

单位：元

序号	工程和项目名称	编制依据及计算说明	合价
（一）	建设场地征用及清理费		152340000
1	土地征用费		136350000
1.1	厂区用地	$49hm^2$×15 亩 /hm^2×120000 元 / 亩	88200000
1.2	灰场征地	$39hm^2$×15 亩 /hm^2×70000 元 / 亩	40950000
1.3	运灰道路	$4hm^2$×15 亩 /hm^2×120000 元 / 亩	7200000
2	迁移补偿费		5000000
3	施工场地租用费	施工生产、生活用地租地：（22+5）hm^2×15 亩 /hm^2×5000 元 /（亩・年）×4 年	8100000
4	供水管线租地	供水管线 $14hm^2$×15 亩 /hm^2×5000 元 /（亩・年）×1 年	1050000
5	水土保持补偿费	（$49hm^2$+$39hm^2$+$4hm^2$）×$10000m^2/hm^2$×2 元 /m^2	1840000
（二）	项目建设管理费		126007762
1	项目法人管理费	（建筑工程费 + 安装工程费）×2.42%	67503964
2	招标费	（建筑工程费 + 设备购置费 + 安装工程费）×0.3%	17355210
3	工程监理费	（建筑工程费 + 安装工程费）×0.81%	22594302
4	设备材料监造费	（设备购置费 + 装置性材料费）×0.22%	8027202
5	施工过程造价咨询及竣工结算审核费	（建筑工程费 + 安装工程费）×0.17%	4742014
6	工程保险费	（设备购置费 + 建筑工程费 + 安装工程费）×0.1%	5785070
（三）	项目建设技术服务费		190289148
1	项目前期工作费	（建筑工程费 + 安装工程费）×1.34%	37378228

续表

序号	工程和项目名称	编制依据及计算说明	合价
2	知识产权转让与研究试验费		4000000
3	设备成套技术服务费	设备购置费 ×0.3%	8986950
4	勘察设计费		115300000
4.1	勘测费		15000000
4.2	设计费		100300000
4.2.1	基本设计费		85000000
4.2.2	其他设计费		15300000
4.2.2.1	竣工图文件编制费	设计费 ×8%	6800000
4.2.2.2	施工图预算	设计费 ×10%	8500000
5	设计文件评审费		5511000
5.1	可行性研究文件评审费		960000
5.2	初步设计文件评审费		2700000
5.3	初步可行性研究文件评审费		576000
5.4	施工图文件审查费	基本设计费 ×1.5%	1275000
6	项目后评价费		2789420
7	工程建设检测费		13534130
7.1	电力工程质量检测费	（建筑工程费＋安装工程费）×0.15%	4184130
7.2	特种设备安全监测费	2000000kW×1.9 元 /kW	3800000
7.3	环境监测及环境保护验收费	工程所在地规定	100000

续表

序号	工程和项目名称	编制依据及计算说明	合价
7.4	水土保持监测及验收费	工程所在地规定	450000
7.5	桩基检测费		5000000
8	电力工程技术经济标准编制费	（建筑工程费 + 安装工程费）×0.1%	2789420
（四）	整套启动试运费		57833492
1	燃煤发电工程		57833492
1.1	燃煤费	100×10^4kW×2×408h×（0.272t/1000kWh）×900 元 /t×0.97	193764096
1.2	燃油费	1008t/ 台 ×2 台 ×8560 元 /t	17256960
1.3	其他材料费	2000MW×3000 元 /MW	6000000
1.4	厂用电费	100×10^4kW×2×240h×4.1%×0.596161 元 /kWh	11732448
1.5	售出电费	-100×10^4kW×2×312h×0.75×0.405793 元 /kWh×0.9	-170920012
（五）	生产准备费		51779034
1	管理车辆购置费	设备购置费 ×0.22%	6590430
2	工器具及办公家具购置费	（建筑工程费 + 安装工程费）×0.21%	5857782
3	生产职工培训及提前进厂费	（建筑工程费 + 安装工程费）×1.41%	39330822
（六）	大件运输措施费		7000000
	合计		585249436

附录 D　2×800MW 等级燃气机组（9H）基本方案概算表

表 D.1　2×800MW 等级燃气机组（9H）发电工程汇总概算表

单位：万元

序号	工程或费用名称	建筑工程费	设备购置费	安装工程费	其他费用	合计	各项占静态投资比例（%）	单位投资（元/kW）
一	主辅生产工程	38639	189793	25674	0	254106	81.16	1543
（一）	热力系统	18115	156842	10405		185362	59.2	1126
（二）	燃料供应系统	232	1564	1118		2914	0.93	18
（三）	水处理系统	1044	2283	521		3848	1.23	23
（四）	供水系统	5067	2058	2850		9975	3.19	61
（五）	电气系统	1341	15465	6307		23113	7.38	140
（六）	热工控制系统		7356	3487		10843	3.46	66
（七）	脱硝系统	300	1913	289		2502	0.8	15
（八）	附属生产工程	12540	2312	697		15549	4.97	94
二	与厂址有关的单项工程	8330	1104	822	0	10256	3.27	63
（一）	交通运输工程	413				413	0.13	3
（二）	水质净化工程	867	950	285		2102	0.67	13
（三）	补给水工程	1724	154	537		2415	0.77	15
（四）	地基处理	3484				3484	1.11	21
（五）	厂区、施工区土石方工程	532				532	0.17	3
（六）	临时工程（建筑安装工程取费系数以外的项目）	1310				1310	0.42	8

续表

序号	工程或费用名称	建筑工程费	设备购置费	安装工程费	其他费用	合计	各项占静态投资比例（%）	单位投资（元/kW）
三	编制基准期价差	1890		1480		3370	1.08	20
四	其他费用	0	0	0	36262	36262	11.58	221
（一）	建设场地征用及清理费				9155	9155	2.92	56
（二）	项目建设管理费				6350	6350	2.03	39
（三）	项目建设技术服务费				9111	9111	2.91	55
（四）	整套启动试运费				8612	8612	2.75	52
（五）	生产准备费				2734	2734	0.87	17
（六）	大件运输措施费				300	300	0.1	2
五	基本预备费				9120	9120	2.91	55
六	特殊项目					0	0	0
	工程静态投资	48859	190897	27976	45382	313114	100	1902
	各项占静态投资的比例（%）	16	61	9	14	100		
	各项静态单位投资（元/kW）	297	1159	170	276	1902		

表 D.2　2×800MW 等级燃气机组（9H）建筑工程汇总概算表

单位：元

序号	工程或费用名称	设备费	建筑费	其中：人工费	合计	技术经济指标		
						单位	数量	指标
一	主辅生产工程	18697477	367697193	39936242	386394670			
（一）	热力系统	11146333	170008076	19414856	181154409			
1	主厂房本体及设备基础	11146333	170008076	19414856	181154409			
1.1	燃机汽机房	10046333	102373996	13742619	112420329	元 /m^3	350208	321
1.1.1	基础工程		11727228	1477168	11727228			
1.1.2	框架结构		52833416	5604282	52833416			
1.1.3	运转层平台		4414778	636558	4414778			
1.1.4	地面及地下设施		5894209	1024673	5894209			
1.1.5	屋面结构		13242240	2032364	13242240			
1.1.6	围护及装饰工程		8701460	1670272	8701460			
1.1.7	给排水、通风、照明	10046333	5560665	1297302	15606998			
1.2	集中控制楼	1100000	9600000	0	10700000	元 /m^3	16000	669
1.2.1	一般土建	1100000	9600000		10700000			
1.3	设备基础	0	51014013	4646222	51014013			
1.3.1	燃气轮发电机基础		45968963	4016871	45968963	元 / 座	2	22984482
1.3.2	余热锅炉及烟囱基础		5045050	629351	5045050	元 / 座	2	2522525
1.4	前置模块		735313	79612	735313			
1.5	动力岛管架及水泵房		6284754	946403	6284754			

续表

序号	工程或费用名称	设备费	建筑费	其中：人工费	合计	技术经济指标		
						单位	数量	指标
（二）	燃料供应系统	0	2319116	97974	2319116			
1	燃气供应系统	0	2319116	97974	2319116			
1.1	增（调）压站建筑	0	2319116	97974	2319116			
1.1.1	一般土建		2319116	97974	2319116			
（三）	水处理系统	233200	10203959	283251	10437159			
1	预处理系统	233200	7907400	0	8140600			
1.1	化水车间	78000	5796000	0	5874000	元 /m^3	9660	608
1.1.1	一般土建	78000	5796000		5874000	元 /m^3	9660	608
1.2	化水实验楼	155200	2111400	0	2266600	元 /m^3	3519	644
1.2.1	一般土建	155200	2111400		2266600	元 /m^3	3519	644
2	锅炉补给水处理系统	0	2296559	283251	2296559			
2.1	室外构筑物		2296559	283251	2296559			
（四）	供水系统	49200	50618362	6887438	50667562			
1	凝汽器冷却系统（二次循环水冷却）	49200	50618362	6887438	50667562			
1.1	循环水泵房	49200	8093022	1178204	8142222	元 /m^3	7437	1095
1.1.1	一般土建		7958489	1142953	7958489			
1.1.2	采暖、通风、空调	49200	90196	22534	139396			
1.1.3	照明		44337	12717	44337			
1.2	机力冷却塔		38545971	4961165	38545971			

续表

序号	工程或费用名称	设备费	建筑费	其中：人工费	合计	技术经济指标		
						单位	数量	指标
1.3	循环水管道建筑		3525355	652885	3525355	元 /m	2295	1536
1.4	循环水井池	0	454014	95184	454014	元 / 座	2	227007
1.4.1	循环水阀门井		283875	58724	283875	元 / 座	2	141938
1.4.2	联络阀门井		170139	36460	170139	元 / 座	1	170139
（五）	电气系统	228805	13182978	1567533	13411783			
1	变配电系统建筑	228805	13182978	1567533	13411783			
1.1	A 列外电气构筑物	0	7568349	868452	7568349			
1.1.1	主变基础及油坑		1134255	122888	1134255	元 / 个	4	283564
1.1.2	起备变基础及油坑		285622	30754	285622	元 / 个	1	285622
1.1.3	高厂变基础及油坑		348670	38127	348670	元 / 个	2	174335
1.1.4	其他设备基础		61195	5973	61195	元 / 项	1	61195
1.1.5	防火墙		457709	77365	457709	元 /m	24	19071
1.1.6	电缆沟		692976	154728	692976	元 /m	300	2310
1.1.7	母线支架		4388863	400720	4388863	元 / 项	1	4388863
1.1.8	60t 事故油池		199059	37897	199059	元 / 座	1	199059
1.2	GIS 及网络继电器室	228805	3806786	577021	4035591	元 /m^3	11882	340
1.2.1	一般土建		3467563	495698	3467563			
1.2.2	给排水		36798	6179	36798			
1.2.3	通风	222513	74180	42943	296693			

续表

序号	工程或费用名称	设备费	建筑费	其中：人工费	合计	技术经济指标		
						单位	数量	指标
1.2.4	照明	6292	228245	32201	234537			
1.3	升压站出线构架		909854	41357	909854	元 / 项	1	909854
1.4	设备支架		292726	26066	292726	元 / 项	1	292726
1.5	全厂独立避雷针		605263	54637	605263	元 / 座	5	121053
（六）	脱硝系统		3000000		3000000			
（七）	附属生产工程	7039939	118364702	11685190	125404641			
1	辅助生产工程	243900	12922768	305337	13166668			
1.1	空压机室	78000	1794000	0	1872000			
1.1.1	一般土建	78000	1794000		1872000			
1.2	检修间		1500000		1500000	元 /m^2	600	2500
1.3	制氢站	42000	1584000	0	1626000	元 /m^3	2640	616
1.3.1	一般土建	42000	1584000		1626000			
1.4	综合泵房	90000	1450705	226884	1540705			
1.5	启动锅炉房	33900	5985000	0	6018900	元 /m^3	9975	603
1.5.1	一般土建	33900	5985000		6018900			
1.6	事故油池		609063	78453	609063			
2	附属生产建筑	0	11860000	0	11860000			
2.1	生产行政综合楼		7000000		7000000	元 /m^2	2000	3500
2.2	一般材料库		2500000		2500000	元 /m^2	1000	2500

续表

序号	工程或费用名称	设备费	建筑费	其中：人工费	合计	技术经济指标		
						单位	数量	指标
2.3	特种材料库		1250000		1250000	元 /m^2	500	2500
2.4	运行及维护人员办公用房		900000		900000	元 /m^2	300	3000
2.5	主警卫室		150000		150000	元 /m^2	50	3000
2.6	次警卫室		60000		60000	元 /m^2	20	3000
3	环境保护设施	0	35000000	0	35000000			
3.1	降噪治理		30000000		30000000			
3.2	厂区绿化		5000000		5000000			
4	消防系统	6796039	9265093	1550234	16061132			
4.1	消防泵房		1464638	260098	1464638			
4.2	消防水池		1300097	146569	1300097			
4.3	厂区消防管路		3289017	687602	3289017	元 /m	2500	1316
4.4	特殊消防系统	6796039	3211341	455965	10007380			
4.4.1	主厂房消防灭火	4957000	1794721	301307	6751721			
4.4.2	燃气系统消防灭火	152000	641613	69022	793613			
4.4.3	变压器系统消防灭火	387000	734210	82308	1121210			
4.4.4	电缆沟消防	39	40797	3328	40836	元 /m	1600	26
4.4.5	移动消防	500000			500000			
4.4.6	火灾报警系统	800000			800000			
5	厂区性建筑	0	45716841	9829619	45716841			

续表

序号	工程或费用名称	设备费	建筑费	其中：人工费	合计	技术经济指标		
						单位	数量	指标
5.1	厂区道路及广场		3813644	653676	3813644	元 /m²	20000	191
5.2	围墙及大门		3123594	732118	3123594	元 /m	3500	892
5.3	厂区管道支架		5311435	831816	5311435	元 /m	400	13279
5.4	厂区沟道、隧道		1986209	396464	1986209	元 /m	1800	1103
5.5	厂区生活水管道		951896	274592	951896	元 /m	1800	529
5.6	截洪沟		1399744	503671	1399744			
5.7	厂区挡土墙		13663433	2768001	13663433	元 /m	2680	5098
5.8	泄洪沟挡土墙		5760576	1800775	5760576	元 /m	535	10767
5.9	厂区雨污水管道		2225856	846127	2225856	元 /m	3000	742
5.10	雨水泵房		3896172	524623	3896172			
5.11	污水泵坑		595973	92053	595973			
5.12	废水池		1628867	199930	1628867			
5.13	消防、服务、生活水罐基础		653647	66395	653647			
5.14	厂区工业水管道建筑		705795	139378	705795			
6	厂前公共福利工程	0	3600000	0	3600000			
6.1	食堂		1200000		1200000	元 /m²	400	3000
6.2	宿舍（夜班宿舍）		2400000		2400000	元 /m²	800	3000
二	与厂址有关的单项工程	146400	83153917	7907855	83300317			
（一）	交通运输工程	0	4134854	664550	4134854			

续表

序号	工程或费用名称	设备费	建筑费	其中：人工费	合计	技术经济指标		
						单位	数量	指标
1	厂外公路	0	4134854	664550	4134854			
1.1	进厂公路		286716	43297	286716			
1.2	进厂路箱涵		2597907	407455	2597907			
1.3	施工区道路		1250231	213798	1250231			
（二）	水质净化工程	99600	8570507	1090260	8670107			
1	水质净化系统	99600	8570507	1090260	8670107			
1.1	800t/h 高密度沉淀池		3362518	372681	3362518	元 / 座	3	1120839
1.2	2 × 100t/h V 形滤池		75472	7289	75472	元 / 座	2	37736
1.3	污泥池及回水池		869385	113363	869385	元 / 座	1	869385
1.4	综合水池		2483868	288461	2483868			
1.5	加药间	46800	978210	174983	1025010			
1.6	污泥脱水间	52800	801054	133483	853854			
（三）	补给水工程	46800	17194887	1348247	17241687			
1	补给水系统	46800	17194887	1348247	17241687			
1.1	补给水管道建筑		5666883	134270	5666883	元 /m	1200	4722
1.2	厂外补给水泵站	46800	7544637	1070365	7591437	元 /m^3	5958	1274
1.2.1	一般土建		7420432	1036084	7420432			
1.2.2	给排水、通风、照明	46800	124205	34281	171005			
1.3	取水井		334167	38350	334167			

续表

序号	工程或费用名称	设备费	建筑费	其中：人工费	合计	技术经济指标		
						单位	数量	指标
1.4	取水喇叭口及施工围堰		3649200	105262	3649200			
（四）	地基处理	0	34836803	4655121	34836803			
1	热力系统		21494144	2872187	21494144			
2	燃料供应系统		164194	21941	164194			
3	化学水处理系统		1532481	204780	1532481			
4	供水系统		5083459	679285	5083459			
5	电气系统		700563	93614	700563			
6	附属生产工程		3142901	419975	3142901			
7	水质净化工程		2529908	338063	2529908			
8	补给水系统		189153	25276	189153			
（五）	厂区、施工区土石方工程	0	5316866	149677	5316866			
（六）	临时工程（建筑安装工程取费系数以外的项目）	0	13100000	0	13100000			
1	施工电源		7500000		7500000			
2	施工水源		1000000		1000000			
3	施工道路		1500000		1500000			
4	施工通信线路		300000		300000			
5	施工防护工程		2800000		2800000			
	合计	18843877	450851110	47844097	469694987			

表 D.3　2×800MW 等级燃气机组（9H）安装工程汇总概算表

单位：元

序号	工程或费用名称	设备购置费	安装工程费				合计	技术经济指标		
			装置性材料费	安装费	其中：人工费	小计		单位	数量	指标
一	主辅生产工程	1897932758	110972216	145763460	28502933	256735676	2154668434			
（一）	热力系统	1568420524	36520610	67525251	12812794	104045861	1672466385			
1	燃气轮发电机组	1053841688	1602918	8152206	1848971	9755124	1063596812	元 /kW	1646560	646
1.1	燃气轮发电机组本体	1045905000	1602918	7395390	1723369	8998308	1054903308	元 / 台（机）	2	527451654
1.2	燃气轮发电机组本体附属设备	7936688		756816	125602	756816	8693504	元 / 台（机）	2	4346752
2	燃气 – 蒸汽联合循环系统	514578836	582040	36159440	6746414	36741480	551320316	元 /kW	1646560	335
2.1	余热锅炉	271872600	395050	27393633	4752652	27788683	299661283	元 / 台（炉）	2	149830642
2.1.1	余热锅炉本体	271350000		25522749	4575895	25522749	296872749			
2.1.2	余热锅炉附属设备	522600		189158	56407	189158	711758			
2.1.3	分部试验及试运		395050	1681726	120350	2076776	2076776			
2.2	蒸汽轮发电机组	242706236	186990	8765807	1993762	8952797	251659033	元 /kW	1646560	153
2.2.1	蒸汽轮发电机本体	231150000		5120905	1090174	5120905	236270905	元 / 台（机）	2	118135453
2.2.2	蒸汽轮发电机辅助设备	10752628		3182481	801126	3182481	13935109	元 / 台（机）	2	6967555
2.2.3	除氧给水装置			289052	70961	289052	289052	元 /kW	1646560	0.2

续表

序号	工程或费用名称	设备购置费	安装工程费				合计	技术经济指标		
			装置性材料费	安装费	其中：人工费	小计		单位	数量	指标
2.2.4	蒸汽轮发电机组其他辅机	803608	186990	173369	31501	360359	1163967	元 / 台（机）	2	581984
3	汽水管道	0	33137552	11889183	1000563	45026735	45026735	元 /t	1043	43170
3.1	主蒸汽、再热蒸汽及给水管道	0	23606340	6625607	257439	30231947	30231947	元 /t	394	76731
3.1.1	主蒸汽管道		8324640	2539685	120405	10864325	10864325	元 /t	113	96144
3.1.2	热再热蒸汽管道		12915900	3233408	81076	16149308	16149308	元 /t	180	89718
3.1.3	冷再热蒸汽管道		2365800	852514	55958	3218314	3218314	元 /t	100	32183
3.2	中、低压汽水管道	0	9531212	5263576	743124	14794788	14794788	元 /t	649	22796
3.2.1	辅助蒸汽管道		1658900	863476	123828	2522376	2522376	元 /t	100	25224
3.2.2	中、低压水管道		2628600	1164198	148594	3792798	3792798	元 /t	120	31607
3.2.3	主厂房循环水（直流水冷却、二次循环水冷却、间接空气冷却）		2203400	823670	91926	3027070	3027070	元 /t	200	15135
3.2.4	主厂房冷却水管道		1762720	1202640	198125	2965360	2965360	元 /t	160	18534
3.2.5	燃气轮机管道		816690	323068	37148	1139758	1139758	元 /t	30	37992
3.2.6	余热锅炉蒸汽吹洗管道		460902	886524	143503	1347426	1347426	元 /t	39	34549
4	保温油漆	0	1198100	3135684	563495	4333784	4333784	元 /m^3	1950	2222
4.1	全厂保温		1198100	3135684	563495	4333784	4333784	元 /m^3	1950	2222

续表

序号	工程或费用名称	设备购置费	安装工程费				合计	技术经济指标		
			装置性材料费	安装费	其中：人工费	小计		单位	数量	指标
5	调试工程	0	0	8188738	2653351	8188738	8188738	元 /kW	1646560	5
5.1	分系统调试			2461155	863944	2461155	2461155	元 /kW	1646560	1.5
5.2	整套启动调试			3700645	1247237	3700645	3700645	元 /kW	1646560	2.2
5.3	特殊调试			2026938	542170	2026938	2026938	元 /kW	1646560	1.2
（二）	燃料供应系统	15639000	4916730	6260500	1204069	11177230	26816230			
1	燃气供应系统	15639000	4916730	6260500	1204069	11177230	26816230	元 /kW	1646560	16
1.1	调压站设备	15639000		245487	42513	245487	15884487	元 / 台（机）	2	7942244
1.2	管道	0	4916730	5838992	1135460	10755722	10755722	元 /t	170	63269
1.2.1	调压站管道		940470	1045023	200375	1985493	1985493	元 /t	30	66183
1.2.2	厂区燃气管道		2722300	3400605	667918	6122905	6122905	元 /t	100	61229
1.2.3	燃机房燃气管道		1253960	1393364	267167	2647324	2647324	元 /t	40	66183
1.3	保温油漆			176021	26096	176021	176021	元 /m^3		
（三）	水处理系统	22833050	2207814	3004213	669246	5212027	28045077			
1	预处理系统	3776250	355180	475153	84653	830333	4606583	元 /kW	1646560	2.8
1.1	设备	3776250		328725	63559	328725	4104975			
1.2	管道		355180	146428	21094	501608	501608	元 /t	20	25080
2	锅炉补充水处理系统	3907700	192400	503767	101013	696167	4603867	元 /t（水）	380	12115
2.1	设备	3907700		376523	78212	376523	4284223			

续表

序号	工程或费用名称	设备购置费	安装工程费				合计	技术经济指标		
			装置性材料费	安装费	其中：人工费	小计		单位	数量	指标
2.2	管道		192400	127244	22801	319644	319644	元 /t	10	31964
3	凝结水精处理系统	11500000	49791	102862	25030	152653	11652653	元 /t（水）		
3.1	设备	11500000		66193	18763	66193	11566193			
3.2	管道		49791	36669	6267	86460	86460	元 /t	2	43230
4	循环水处理系统	417040	25904	54149	12276	80053	497093	元 /kW	1646560	0.3
4.1	循环水加药系统	417040	25904	54149	12276	80053	497093			
4.1.1	设备	417040	3117	35987	8662	39104	456144			
4.1.2	管道		22787	18162	3614	40949	40949	元 /t	1	40949
5	给水炉水校正处理	3232060	312069	498232	101631	810301	4042361	元 /kW	1646560	2.5
5.1	炉内磷酸盐处理系统	208520	51807	69937	15005	121744	330264			
5.1.1	设备	208520	6233	25067	6815	31300	239820			
5.1.2	管道		45574	44870	8190	90444	90444	元 /t	2	45222
5.2	给水加药处理系统	417040	136722	144357	27233	281079	698119			
5.2.1	设备	417040		9747	2662	9747	426787			
5.2.2	管道		136722	134610	24571	271332	271332	元 /t	6	45222
5.3	汽水取样系统	2606500	123540	283938	59393	407478	3013978			
5.3.1	设备	2606500		14086	2575	14086	2620586			
5.3.2	管道		123540	269852	56818	393392	393392	元 /t	4	98348

续表

序号	工程或费用名称	设备购置费	安装工程费				合计	技术经济指标		
			装置性材料费	安装费	其中：人工费	小计		单位	数量	指标
6	厂区管道		1253520	629933	102612	1883453	1883453	元/t	80	23543
7	保温油漆		18950	37379	7855	56329	56329	元/m^3	50	1127
8	调试工程	0	0	702738	234176	702738	702738	元/kW	1646560	0.4
8.1	分系统调试			369184	117314	369184	369184	元/kW	1646560	0.2
8.2	整套启动调试			333554	116862	333554	333554	元/kW	1646560	0.2
（四）	供水系统	20582344	18257625	10240867	1199080	28498492	49080836			
1	凝汽器冷却系统（二次循环冷却系统）	20582344	18257625	6242080	614147	24499705	45082049	元/kW	1646560	27
1.1	循环水泵房	8984926	5331012	1567674	122746	6898686	15883612	元/座		
1.1.1	设备	8984926	2914828	870393	70575	3785221	12770147			
1.1.2	管道		2416184	697281	52171	3113465	3113465	元/t	125.2	24868
1.2	循环水管道		12421885	4125948	403053	16547833	16547833	元/m	2295	7210
1.3	厂区工业水管道		504728	346551	60180	851279	851279	元/m	1600	532
1.4	机力冷却塔设备	11597418		201907	28168	201907	11799325	元/段		
2	供水系统防腐			3998787	584933	3998787	3998787	元/m^2	14407	278
（五）	电气系统	154651574	33895976	29176139	5450051	63072115	217723689	元/kW	1646560	132
1	发电机电气与引出线	15759760	5700817	2275961	342157	7976778	23736538	元/kW	1646560	14

续表

序号	工程或费用名称	设备购置费	安装工程费				合计	技术经济指标		
			装置性材料费	安装费	其中：人工费	小计		单位	数量	指标
1.1	发电机电气与出线间	684760	185790	660450	129685	846240	1531000	元 /kW	1646560	0.9
1.2	发电机出口断路器	15075000		5715	1350	5715	15080715	元 /kW	1646560	9.2
1.3	发电机引出线		5515027	1609796	211122	7124823	7124823	元 /kW	1646560	4.3
2	主变压器系统	60642800	0	1090522	140180	1090522	61733322	元 /kVA	1650000	37
2.1	主变压器	51717740		862375	104683	862375	52580115	元 /kVA	1650000	32
2.2	厂用高压变压器	8925060		228147	35497	228147	9153207	元 /kW	1646560	5.6
3	配电装置	21658350	3686404	1453749	219595	5140153	26798503	元 /kW	1646560	16
3.1	220kV 屋内配电装置	21658350	3248	913310	183649	916558	22574908	元 /kW	1646560	14
3.2	主变压器、启动 / 备用变压器至升压站联络线		3683156	540439	35946	4223595	4223595	元 / 三相米	448.31	9421
4	主控及直流系统	22187480	21960	2194359	287893	2216319	24403799	元 /kW	1646560	15
4.1	集控楼（室）设备	5122609	0	255342	68771	255342	5377951	元 /kW	1646560	3.3
4.1.1	各种屏、台盘等	5122609		255342	68771	255342	5377951	元 /kW	1646560	3.3
4.2	继电器楼设备	12768002	21960	1841885	202421	1863845	14631847	元 /kW	1646560	8.9
4.2.1	网络监控系统	3417000		201690	55725	201690	3618690	元 /kW	1646560	2.2
4.2.2	各种屏、台盘等	396758		66301	18095	66301	463059	元 /kW	1646560	0.3
4.2.3	系统继电保护	5026944	21960	868841	101553	890801	5917745	元 /kW	1646560	3.6

续表

序号	工程或费用名称	设备购置费	安装工程费				合计	技术经济指标		
			装置性材料费	安装费	其中：人工费	小计		单位	数量	指标
4.2.4	系统调度自动化	3927300		705053	27048	705053	4632353	元 /kW	1646560	2.8
4.3	直流系统	4296869		97132	16701	97132	4394001	元 /kW	1646560	2.7
5	厂用电系统	30665703	989138	3260287	504593	4249425	34915128	元 /kW	1646560	21
5.1	主厂房用电系统	20295674	3865	1987955	223074	1991820	22287494	元 /kW	1646560	14
5.1.1	燃机厂用电系统			1000000		1000000	1000000	元 /kW	1646560	0.6
5.1.2	高压配电装置	6959625		407905	79927	407905	7367530	元 / 台	74	99561
5.1.3	低压配电装置	6756970		496906	122542	496906	7253876	元 / 台	118	61474
5.1.4	低压厂用变压器	1115550		20399	4535	20399	1135949	元 /kW	1646560	0.7
5.1.5	机炉车间电气设备	126429	3865	33543	7817	37408	163837	元 /kW	1646560	0.1
5.1.6	高压变频装置	5337100		29202	8253	29202	5366302	元 /kW	8900	603
5.2	主厂房外车间厂用电	5116846	2318	250364	61114	252682	5369528	元 /kW	1646560	3.3
5.2.1	水工及化水系统	2253838	966	117662	28787	118628	2372466	元 /kW	1646560	1.4
5.2.2	机械通风冷却塔区域	1776463	580	70168	16999	70748	1847211	元 /kW	1646560	1.1
5.2.3	厂前区	371316	386	28283	6954	28669	399985	元 /kW	1646560	0.2
5.2.4	厂外取水系统	715229	386	34251	8374	34637	749866	元 /kW	1646560	0.5
5.3	事故保安电源装置	3718500		94413	28434	94413	3812913	元 /kW	2000	1906
5.4	不停电电源装置	1065420		17129	3878	17129	1082549	元 /kW	1646560	0.7

续表

序号	工程或费用名称	设备购置费	安装工程费				合计	技术经济指标		
			装置性材料费	安装费	其中：人工费	小计		单位	数量	指标
5.5	全厂行车滑线		276285	299493	77102	575778	575778	元 /m	2300	250
5.6	设备及构筑物照明	469263	706670	610933	110991	1317603	1786866	元 /kW	1646560	1.1
5.6.1	余热锅炉本体照明	32224	205992	128269	27788	334261	366485	元 / 台	2	183243
5.6.2	燃气模块照明	16112	107324	41411	5799	148735	164847	元 / 台	2	82424
5.6.3	机械通风冷却塔照明	7049	82103	37640	5493	119743	126792	元 /kW	1646560	0.1
5.6.4	构筑物照明	24672	124687	124899	20722	249586	274258	元 /kW	1646560	0.2
5.6.5	厂区道路广场照明		186564	206205	34073	392769	392769	元 /kW	1646560	0.2
5.6.6	检修电源	389206		72509	17116	72509	461715	元 /kW	1646560	0.3
6	电缆及接地	0	23232421	12034668	2560944	35267089	35267089	元 /kW	1646560	21
6.1	电缆	0	18708928	6224263	1137552	24933191	24933191	元 /m	355000	70
6.1.1	电力电缆		16448024	4238051	655192	20686075	20686075	元 /m	155000	133
6.1.2	控制电缆		2260904	1986212	482360	4247116	4247116	元 /m	200000	21
6.2	桥架、支架		2416742	2483751	651773	4900493	4900493	元 /t	310	15808
6.3	电缆保护管		706955	69252		776207	776207	元 /m	2000	388
6.4	电缆防火		755873	1166656	381154	1922529	1922529	元 /t	100	19225
6.5	全厂接地	0	497701	1813713	319626	2311414	2311414	元 /m	20000	116
6.5.1	接地		497701	1813713	319626	2311414	2311414	元 /m	150	15409
6.6	其他材料		146222	277033	70839	423255	423255	元 /kW	1646560	0.3

续表

序号	工程或费用名称	设备购置费	安装工程费				合计	技术经济指标		
			装置性材料费	安装费	其中：人工费	小计		单位	数量	指标
7	厂内通信系统	3737481	265236	689829	79639	955065	4692546	元 /kW	1340000	3.5
7.1	行政与调度通信系统	1723481	167233	364410	43618	531643	2255124	元 /kW	1340000	1.7
7.2	系统通信	2014000	98003	125419	36021	223422	2237422	元 /kW	1646560	1.4
7.3	对外通信			200000		200000	200000	元 /kW	1646560	0.1
8	调试工程	0	0	6176764	1315050	6176764	6176764	元 /kW	1646560	3.8
8.1	分系统调试			4261799	906822	4261799	4261799	元 /kW	1646560	2.6
8.2	整套启动调试			1914965	408228	1914965	1914965	元 /kW	1646560	1.2
（六）	热工控制系统	73558897	11522745	23345860	6287295	34868605	108427502			
1	燃气轮机控制系统			300585	82607	300585	300585	元 /kW	1646560	0.2
2	联合循环控制系统	63286690	0	3725449	1086231	3725449	67012139	元 /kW	1646560	41
2.1	厂级监控系统	3000000				0	3000000	元 / 套	1	3000000
2.2	分散控制系统	12657990		3234920	953396	3234920	15892910	元 / 点	12500	1271
2.3	管理信息系统	9500000				0	9500000			
2.4	智慧电厂	30000000				0	30000000			
2.5	全厂闭路电视及门禁系统	4128700		490529	132835	490529	4619229			
2.6	仿真系统	4000000				0	4000000	元 /kW	1646560	2.4
3	机组控制	9772207	0	5068483	1384316	5068483	14840690			

续表

序号	工程或费用名称	设备购置费	安装工程费				合计	技术经济指标		
			装置性材料费	安装费	其中：人工费	小计		单位	数量	指标
3.1	机组成套控制装置	2250000		4818498	1323420	4818498	7068498			
3.2	现场仪表及执行机构	6482207				0	6482207			
3.3	电动控制保护屏柜	1040000		249985	60896	249985	1289985			
4	辅助车间控制系统及仪表	500000		115518	31507	115518	615518			
4.1	辅助车间自动控制装置	500000		115518	31507	115518	615518			
5	电缆及辅助设施	0	11522745	9951123	2230461	21473868	21473868	元 /m	720000	30
5.1	电缆		6201855	7038669	1673073	13240524	13240524	元 /m	680000	19
5.2	支架、桥架		1144758	1213839	305786	2358597	2358597			
5.3	电缆保护管		1008150	202329		1210479	1210479			
5.4	其他材料		3167982	1496286	251602	4664268	4664268			
6	调试工程	0	0	4184702	1472173	4184702	4184702	元 /kW	1646560	2.5
6.1	分系统调试			2938137	1029044	2938137	2938137	元 /kW	1646560	1.8
6.2	整套启动调试			1246565	443129	1246565	1246565	元 /kW	1646560	0.8
（七）	脱硝系统	19126000	0	2894890	237652	2894890	22020890			
1	工艺系统	19126000	0	2894890	237652	2894890	22020890	元 /kW	1646560	13
1.1	氨制备供应系统	19126000		2894890	237652	2894890	22020890			

续表

序号	工程或费用名称	设备购置费	安装工程费				合计	技术经济指标		
			装置性材料费	安装费	其中：人工费	小计		单位	数量	指标
（八）	附属生产工程	23121369	3650716	3315740	642746	6966456	30087825			
1	辅助生产工程	12001358	2859566	2812905	553442	5672471	17673829			
1.1	空压机站	3941028	2314955	1537257	272872	3852212	7793240			
1.1.1	设备	3941028		118063	33366	118063	4059091			
1.1.2	管道		2314955	1419194	239506	3734149	3734149	元 /t	85	43931
1.2	供氢站	678416	188094	252847	52725	440941	1119357			
1.2.1	设备	678416		43842	12650	43842	722258			
1.2.2	管道		188094	209005	40075	397099	397099	元 /t		
1.3	启动锅炉房	6042000	0	793948	181538	793948	6835948	元 / 台（炉）	1	6835948
1.3.1	锅炉本体及辅助设备	6042000		793948	181538	793948	6835948	元 / 台（炉）	1	6835948
1.4	综合水泵房	433614	356517	154477	23457	510994	944608			
1.4.1	设备	433614		47305	14706	47305	480919			
1.4.2	管道		356517	107172	8751	463689	463689	元 /t	21	22080
1.5	车间检查设备	906300		74376	22850	74376	980676			
2	附属生产安装工程	4653560	0	0	0	0	4653560			
2.1	试验室设备	4653560	0	0	0	0	4653560	元 /kW	1646560	2.8
2.1.1	化学试验室	625560				0	625560			

续表

序号	工程或费用名称	设备购置费	安装工程费				合计	技术经济指标		
			装置性材料费	安装费	其中：人工费	小计		单位	数量	指标
2.1.2	金属试验室	604200				0	604200			
2.1.3	热工试验室	805600				0	805600			
2.1.4	电气试验室及检修间	2014000				0	2014000			
2.1.5	劳保监测站、安全教育室	302100				0	302100			
2.1.6	环保试验室	302100				0	302100			
3	环境保护与监测装置	2517500	92596	194167	44495	286763	2804263	元 /kW	1646560	1.7
3.1	工业废水处理	302100	92596	111869	22911	204465	506565			
3.2	烟气连续监测系统	2215400		82298	21584	82298	2297698			
4	消防系统	3237505	49545	74147	17768	123692	3361197	元 /kW	1634080	2.1
4.1	消防水泵房设备及管道	1525605	49545	74147	17768	123692	1649297			
4.2	消防车	1711900				0	1711900			
5	雨水泵房	711446	649009	234521	27041	883530	1594976			
二	与厂址有关的单项工程	11036303	5250580	2967122	380364	8217702	19254005			
（一）	水质净化工程	9499031	1733064	1119590	170803	2852654	12351685			
1	水质净化系统	9499031	1733064	1119590	170803	2852654	12351685	元 /kW	1646560	7.5

续表

序号	工程或费用名称	设备购置费	安装工程费				合计	技术经济指标		
			装置性材料费	安装费	其中：人工费	小计		单位	数量	指标
1.1	净化站内机械设备	9499031	1733064	1119590	170803	2852654	12351685			
1.1.1	设备	9499031		379611	95303	379611	9878642			
1.1.2	管道		1733064	739979	75500	2473043	2473043	元/t	106.8	23156
（二）	补给水工程	1537272	3517516	1847532	209561	5365048	6902320			
1	补给水系统	1537272	3517516	1847532	209561	5365048	6902320			
1.1	补给水取水泵房	1537272	1625345	437919	28582	2063264	3600536	元/座	1	3600536
1.1.1	设备	1537272	760000	196401	11914	956401	2493673			
1.1.2	管道		865345	241518	16668	1106863	1106863	元/t	40	27672
1.2	补给水输送管道		1892171	1409613	180979	3301784	3301784	元/m	1200	2751
	合计	1908969061	116222796	148730582	28883297	264953378	2173922439			

表 D.4　2×800MW 等级燃气机组（9H）其他费用概算表

单位：元

序号	工程或费用名称	编制依据及计算说明	合价
（一）	建设场地征用及清理费		91547477
1	土地征用费		89105415
1.1	厂区征地费	17.0245hm^2×15 亩 /hm^2×310000 元 / 亩	79163925
1.2	厂外道路征地费	0.15hm^2×15 亩 /hm^2×310000 元 / 亩	697500
1.3	厂区河道回填征地费	0.2823hm^2×15 亩 /hm^2×310000 元 / 亩	1312695
1.4	厂前区拟补充征地费	0.2863hm^2×15 亩 /hm^2×310000 元 / 亩	1331295
1.5	契税及土地使用税	2200000 元 +2200000 元 / 年 ×2 年	6600000
2	施工场地租用费		1087200
2.1	厂外施工场地租赁费	4hm^2×15 亩 /hm^2×9000 元 /（亩・年）×2 年	1080000
2.2	厂外补给水管线租地费	0.08hm^2×15 亩 /hm^2×6000 元 /（亩・年）×1 年	7200
3	余物清理费		1000000
4	水土保持补偿费	（17.0245+0.15+0.2823+0.2863）×20000	354862
（二）	项目建设管理费		63499411
1	项目法人管理费	（建筑工程费 + 建筑基准期价差 + 安装工程费 + 安装基准期价差）×5.05%	38650028
2	招标费	（建筑工程费 + 建筑基准期价差 + 安装工程费 + 安装基准期价差 + 设备购置费）×0.32%	8557834
3	工程监理费	（建筑工程费 + 建筑基准期价差 + 安装工程费 + 安装基准期价差）×0.95%	7270797
4	设备材料监造费	（设备购置费 + 甲供主材费含税 + 乙供主材费不含税）×0.2%	4050388

续表

序号	工程或费用名称	编制依据及计算说明	合价
5	施工过程造价咨询及竣工结算审核费	（建筑工程费 + 建筑基准期价差 + 安装工程费 + 安装基准期价差）×0.3%	2296041
6	工程保险费	（建筑工程费 + 建筑基准期价差 + 安装工程费 + 安装基准期价差）+ 设备购置费）×0.1%	2674323
（三）	项目建设技术服务费		91106103
1	项目前期工作费	（建筑工程费 + 建筑基准期价差 + 安装工程费 + 安装基准期价差）×4.13%	31608835
2	知识产权转让与研究试验费		3000000
3	设备成套技术服务费	设备购置费 ×0.3%	5726928
4	勘察设计费		40000000
5	设计文件评审费		1112600
5.1	可行性研究文件评审费		300000
5.2	初步设计文件评审费		800000
5.3	施工图文件评审费		12600
6	项目后评价费	（建筑工程费 + 建筑基准期价差 + 安装工程费 + 安装基准期价差）×0.26%	1989902
7	工程建设检测费		6902491
7.1	电力工程质量检测费	（建筑工程费 + 建筑基准期价差 + 安装工程费 + 安装基准期价差）×0.16%	1224555
7.2	特种设备安全监测费		2777936
7.3	环境监测及环境保护验收费	工程所在地规定	600000
7.4	水土保持监测及验收费	工程所在地规定	800000

续表

序号	工程或费用名称	编制依据及计算说明	合价
7.5	桩基检测费		1500000
8	电力工程技术经济标准编制费	（建筑工程费 + 建筑基准期价差 + 安装工程费 + 安装基准期价差）× 0.1%	765347
（四）	整套启动试运费		86123554
1	燃料费	1639660kW × 216h × 0.169m^3/kWh × 2.76 元 /m^3 × 1.1	181717195
2	其他材料费	1639.66MW × 750 元 /MW	1229745
3	厂用电费	1639660kW × 72h × 1.39% × 0.6348 元 /kWh	1041689
4	售出电费	−1639660kW × 0.75 × 168h × 0.4737 元 /kWh × 1	−97865075
（五）	生产准备费		27344031
1	管理车辆购置费	设备购置费 × 0.39%	7445007
2	工器具及办公家具购置费	（建筑工程费 + 建筑基准期价差 + 安装工程费 + 安装基准期价差）× 0.27%	2066437
3	生产职工培训及提前进厂费	（建筑工程费 + 建筑基准期价差 + 安装工程费 + 安装基准期价差）× 2.33%	17832587
（六）	大件运输措施费		3000000
	合计		362620576

附录 E　2×400MW 等级燃气机组（9F）基本方案概算表

表 E.1　2×400MW 等级燃气机组（9F）发电工程汇总概算表

单位：万元

序号	工程或费用名称	建筑工程费	设备购置费	安装工程费	其他费用	合计	各项占静态投资比例（%）	单位投资（元/kW）
一	主辅生产工程	27471	121762	23369		172602	78.67	1732
（一）	热力系统	10777	87026	9668		107471	48.99	1078
（二）	燃料供应系统	304	1511	176		1991	0.91	20
（三）	水处理系统	728	3868	1204		5800	2.64	58
（四）	供水系统	5493	3187	1704		10384	4.73	104
（五）	电气系统	517	14787	7143		22447	10.23	225
（六）	热工控制系统		7756	2300		10056	4.58	101
（七）	脱硝系统		1816	428		2244	1.02	23
（八）	附属生产工程	9652	1811	746		12209	5.57	123
二	与厂址有关的单项工程	8562	683	2030		11275	5.13	113
（一）	交通运输工程	377				377	0.17	3.6
（二）	水质净化工程	838	609	76		1523	0.7	15
（三）	补给水工程	2762	74	1954		4790	2.18	48
（四）	地基处理	3341				3341	1.52	34
（五）	厂区土石方工程	140				140	0.06	1.4

续表

序号	工程或费用名称	建筑工程费	设备购置费	安装工程费	其他费用	合计	各项占静态投资比例（%）	单位投资（元 /kW）
（六）	临时工程	1104				1104	0.5	11
三	编制基准期价差	2300		−707		1593	0.73	16
四	其他费用				27530	27530	12.56	276
（一）	建设场地征用及清理费				5040	5040	2.3	51
（二）	项目建设管理费				5205	5205	2.37	52
（三）	项目建设技术服务费				7473	7473	3.41	75
（四）	整套启动试运费				7396	7396	3.37	74
（五）	生产准备费				2116	2116	0.97	21
（六）	大件运输措施费				300	300	0.14	3
五	基本预备费				6390	6390	2.91	64
六	特殊项目							
	工程静态投资	38333	122445	24692	33920	219390	100	2201
	各项占静态投资的比例（%）	18	56	11	15	100		
	各项静态单位投资（元 /kW）	384	1229	248	340	2201		

表E.2　2×400MW等级燃气机组（9F）建筑工程汇总概算表

单位：元

序号	工程或费用名称	设备费	建筑费	其中：人工费	合计	技术经济指标		
						单位	数量	指标
一	主辅生产工程	21079191	253634941	29355404	274714132			
（一）	热力系统	6400200	101367251	12349125	107767451			
1	主厂房本体及设备基础	6400200	100461589	12230123	106861789			
1.1	主厂房（含集控楼）	5147300	69551190	8483790	74698490			
1.1.1	基础工程		6740426	1268636	6740426			
1.1.2	框架结构		19842534	2334166	19842534			
1.1.3	运转层平台		9769321	777003	9769321			
1.1.4	地面及地下设施		5749606	885668	5749606			
1.1.5	屋面结构		18133849	1732813	18133849			
1.1.6	围护及装饰工程		4668768	576899	4668768			
1.1.7	给排水、通风空调、照明接地	5147300	4646686	908605	9793986			
1.2	电控楼	466400	6008231	987252	6474631			
1.2.1	一般土建		5113409	855014	5113409			
1.2.2	给排水、通风空调、照明接地	466400	894822	132238	1361222			
1.3	锅炉辅助间（钢框架由厂家负责，2座）	786500	3528423	563617	4314923			
1.3.1	一般土建		2989747	478649	2989747			
1.3.2	给排水、通风空调、照明接地	786500	538676	84968	1325176			
1.4	设备基础	0	19190528	1825448	19190528			
1.4.1	燃气轮发电机基础		6154353	451726	6154353			

续表

序号	工程或费用名称	设备费	建筑费	其中：人工费	合计	技术经济指标		
						单位	数量	指标
1.4.2	旁路烟囱基础		1379993	145084	1379993			
1.4.3	余热锅炉基础		2229694	250565	2229694			
1.4.4	汽轮发电机基础		7243491	736285	7243491			
1.4.5	附属设备基础		2182997	241788	2182997			
1.5	锅炉电梯井基础		215828	27748	215828			
1.6	锅炉辅助间旁配电室	0	1514068	269426	1514068			
1.6.1	一般土建		1375199	241243	1375199			
1.6.2	给排水、通风空调、照明接地		138869	28183	138869			
1.7	钢连接走道（主厂房至锅炉平台）		453321	72842	453321			
2	热网系统建筑	0	905662	119002	905662			
2.1	供热计量阀门站（半露天布置）		905662	119002	905662			
（二）	燃料供应系统	16400	3026463	404443	3042863			
1	燃气供应系统	16400	3026463	404443	3042863			
1.1	天然气调压站（无围护）	0	2511441	335892	2511441			
1.1.1	一般土建		2482669	329361	2482669			
1.1.2	照明接地		28772	6531	28772			
1.2	调压站电子设备间	16400	200327	35529	216727			
1.2.1	一般土建		192006	33265	192006			
1.2.2	给排水、通风空调、照明接地	16400	8321	2264	24721			
1.3	增（调）压站设备基础		314695	33022	314695			

续表

序号	工程或费用名称	设备费	建筑费	其中：人工费	合计	技术经济指标		
						单位	数量	指标
（三）	水处理系统	725200	6558994	1211058	7284194			
1	锅炉补给水处理系统	663300	6218385	1145882	6881685			
1.1	锅炉补给水车间	663300	5327990	1014084	5991290			
1.1.1	一般土建		4644303	836480	4644303			
1.1.2	给排水、通风空调、照明接地	663300	683687	177604	1346987			
1.2	室外构筑物		890395	131798	890395			
2	循环水处理系统	61900	340609	65176	402509			
2.1	循环水加药间	61900	340609	65176	402509			
2.1.1	一般土建		320640	59743	320640			
2.1.2	给排水、通风空调、照明接地	61900	19969	5433	81869			
（四）	供水系统	0	54932264	8480817	54932264			
1	凝汽器冷却系统（二次循环水冷却）	0	54932264	8480817	54932264			
1.1	循环水泵房、配电间控制室、吸水井	0	12818860	1784369	12818860			
1.1.1	一般土建		12324009	1659140	12324009			
1.1.2	给排水、通风空调、照明接地		494851	125229	494851			
1.2	高位收水机械通风冷却塔	0	37764129	6146503	37764129			
1.2.1	高位收水机械通风冷却塔本体		37764129	6146503	37764129			
1.3	集水槽（冷却塔与泵房前池间）		1953510	242255	1953510			
1.4	循环水管道建筑		1746310	183191	1746310			
1.5	厂区工业水管道建筑		305399	85325	305399			

续表

序号	工程或费用名称	设备费	建筑费	其中：人工费	合计	技术经济指标		
						单位	数量	指标
1.6	循环水管过路箱涵		344056	39174	344056			
（五）	电气系统	0	5170646	626358	5170646			
1	变配电系统建筑	0	4886226	575127	4886226			
1.1	变压器区域构筑物		4277701	520041	4277701			
1.2	GIS 楼室外构筑物		57089	7759	57089			
1.3	GIS 楼设备基础		551436	47327	551436			
2	控制系统建筑	0	284420	51231	284420			
2.1	继电器室扩建	0	284420	51231	284420			
2.1.1	一般土建		274685	48530	274685			
2.1.2	给排水、通风空调、照明接地		9735	2701	9735			
（六）	附属生产工程	13937391	82579323	6283603	96516714			
1	辅助生产工程	69500	4119809	431221	4189309			
1.1	供氢站	31100	1236141	192331	1267241			
1.1.1	一般土建		1048935	157312	1048935			
1.1.2	给排水、通风空调、照明接地	31100	75401	20516	106501			
1.1.3	室外构筑物		111805	14503	111805			
1.2	启动锅炉房	38400	1383668	238890	1422068	元 /m^3	3600	395
1.2.1	一般土建		1247898	204715	1247898			
1.2.2	给排水		20068	2952	20068			
1.2.3	采暖、通风、空调	38400	62943	20819	101343			

续表

序号	工程或费用名称	设备费	建筑费	其中：人工费	合计	技术经济指标		
						单位	数量	指标
1.2.4	照明		52759	10404	52759			
1.3	检修间		1500000		1500000	元 /m^2	600	2500
2	附属生产建筑	29400	14536668	379525	14566068			
2.1	生产行政综合楼		7000000		7000000	元 /m^2	2000	3500
2.2	一般材料库		2500000		2500000	元 /m^2	1000	2500
2.3	危废贮存间	29400	251939	45432	281339			
2.3.1	一般土建		239899	42156	239899			
2.3.2	给排水、通风空调、照明接地	29400	12040	3276	41440			
2.4	特种材料库		1250000		1250000	元 /m^2	500	2500
2.5	雨水泵房（地下布置）	0	1948555	263388	1948555			
2.5.1	一般土建		1948555	263388	1948555			
2.6	连廊	0	476174	70705	476174			
2.6.1	一般土建		472886	69959	472886			
2.6.2	照明接地		3288	746	3288			
2.7	运行及维护人员办公用房		900000		900000	元 /m^2	300	3000
2.8	主警卫室		150000		150000	元 /m^2	50	3000
2.9	次警卫室		60000		60000	元 /m^2	20	3000
3	环境保护设施	0	30447475	474964	30447475			
3.1	机组排水槽		587411	86535	587411			
3.2	工业废水处理站	0	2389918	300234	2389918			

续表

序号	工程或费用名称	设备费	建筑费	其中：人工费	合计	技术经济指标		
						单位	数量	指标
3.2.1	非经常性废水贮存池		2389918	300234	2389918			
3.3	生活污水处理站	0	226025	46324	226025			
3.3.1	生活污水泵井		226025	46324	226025			
3.4	厂区绿化		4000000		4000000			
3.5	厂区降噪		23000000		23000000			
3.6	厂区电缆沟排污坑		112432	20766	112432			
3.7	雨水排水井		131689	21105	131689			
4	消防系统	4998491	6719396	1108132	11717887			
4.1	厂区消防管路		2987954	651564	2987954			
4.2	特殊消防系统	4998491	3731442	456568	8729933			
4.2.1	主厂房消防灭火	4386726	1801806	301307	6188532			
4.2.2	燃气系统消防灭火	152000	644146	69022	796146			
4.2.3	变压器系统消防灭火	387000	737108	82308	1124108			
4.2.4	电缆沟消防	72765	48382	3931	121147			
4.2.5	移动消防		500000		500000			
5	厂区性建筑	0	22755975	3889761	22755975			
5.1	厂区道路及广场		2525876	347260	2525876			
5.2	围墙及大门		366515	96263	366515			
5.3	厂区综合管架		10925401	1651636	10925401			
5.4	厂区沟道		6630761	1285686	6630761			

续表

序号	工程或费用名称	设备费	建筑费	其中：人工费	合计	技术经济指标		
						单位	数量	指标
5.5	室外给排水		1800225	393468	1800225			
5.6	厂区雨排水管道		447986	102849	447986			
5.7	全厂沉降观测		59211	12599	59211			
6	厂区采暖（制冷）工程	8840000	400000	0	9240000			
6.1	制冷站	8840000	400000	0	9240000			
6.1.1	设备及管道	8840000	400000		9240000			
7	厂前公共福利工程	0	3600000	0	3600000			
7.1	食堂		1200000		1200000	元 /m^2	400	3000
7.2	宿舍（夜班宿舍）		2400000		2400000	元 /m^2	800	3000
二	与厂址有关的单项工程	4456721	81159863	6231067	85616584			
（一）	交通运输工程	0	3773797	604135	3773797			
1	厂外公路	0	3773797	604135	3773797			
1.1	进厂公路		261679	39361	261679			
1.2	进厂路箱涵		2371057	370413	2371057			
1.3	施工区道路		1141061	194361	1141061			
（二）	水质净化工程	0	8377879	1109960	8377879			
1	水质净化系统	0	8377879	1109960	8377879			
1.1	斜板沉淀池（架空）		7322343	934631	7322343			
1.2	空气擦洗重力滤池基础		352714	38493	352714			
1.3	管道建筑		75334	21387	75334			

续表

序号	工程或费用名称	设备费	建筑费	其中：人工费	合计	技术经济指标		
						单位	数量	指标
1.4	站内管沟、排水沟		627488	115449	627488			
（三）	补给水工程	91500	27523775	1991007	27615275			
1	补给水系统	91500	27523775	1991007	27615275			
1.1	取水管线穿越武广高铁处理费		7500000		7500000	元 / 项	1	7500000
1.2	补充水取水泵房	91500	9702939	1213643	9794439	元 /m^3	8668	1130
1.2.1	一般土建		9403228	1132093	9403228			
1.2.2	给排水		77878	15255	77878			
1.2.3	采暖、通风、空调	91500	143955	46186	235455			
1.2.4	照明		77878	20109	77878			
1.3	补给水管道建筑	0	9584886	655852	9584886			
1.3.1	补给水管道建筑		2637178	484124	2637178	元 /m	7450	354
1.3.2	穿堤箱涵		295528	32519	295528	元 / 项	1	295528
1.3.3	过路定向钻施工		6000000		6000000	元 /m	2400	2500
1.3.4	工作井		372674	79548	372674	元 / 项	1	372674
1.3.5	接收坑		279506	59661	279506	元 / 项	1	279506
1.4	连接栈桥		735950	121512	735950	元 / 项	1	735950
（四）	地基处理	0	33407950	1452686	33407950			
1	热力系统		11169129	451567	11169129			
2	化学水处理系统		774816	30684	774816			

续表

序号	工程或费用名称	设备费	建筑费	其中：人工费	合计	技术经济指标		
						单位	数量	指标
3	供水系统		10177688	420326	10177688			
4	电气系统		1101249	43696	1101249			
5	附属生产工程		4088741	165891	4088741			
6	水质净化工程		2164370	89386	2164370			
7	回填		3931957	251136	3931957			
（五）	厂区土石方工程	0	1397228	8255	1397228			
1	厂区土石方		1397228	8255	1397228			
（六）	临时工程	4365221	6679234	1065024	11044455			
1	施工电源	3460000	3330455	377722	6790455			
2	施工水源		695028	133883	695028			
3	施工道路	750000	809950	143608	1559950			
4	施工通信线路		100000		100000			
5	施工临时围蔽		1602279	405945	1602279			
6	施工措施项目	155221	141522	3866	296743			
	合计	25535912	334794804	35586471	360330716			

表 E.3　2×400MW 等级燃气机组（9F）安装工程汇总概算表

单位：元

序号	工程或费用名称	设备购置费	安装工程费				合计	技术经济指标		
			装置性材料费	安装费	其中：人工费	小计		单位	数量	指标
一	主辅生产工程	1217616870	107955711	125737683	24351439	233693394	1451310264			
（一）	热力系统	870261410	36716262	59959902	11201260	96676164	966937574			
1	燃气轮发电机组	515799000	2150621	5575782	1213026	7726403	523525403			
1.1	燃气轮发电机组本体	515799000	2150621	5147531	1147928	7298152	523097152			
1.2	燃气轮发电机组本体附属设备			428251	65098	428251	428251			
2	燃气－蒸汽联合循环系统	346406410	1858504	29367813	5257604	31226317	377632727			
2.1	余热锅炉	161071890	516440	20523555	3418394	21039995	182111885			
2.1.1	余热锅炉本体	160951050		18846509	3245325	18846509	179797559			
2.1.2	余热锅炉附属设备	120840	249320	371421	80492	620741	741581			
2.1.3	分部试验及试运		267120	1305625	92577	1572745	1572745			
2.2	蒸汽轮发电机组	185334520	1342064	8844258	1839210	10186322	195520842			
2.2.1	蒸汽轮发电机组本体	158790000	1168680	5583527	1090174	6752207	165542207			
2.2.2	蒸汽轮发电机组辅助设备	11620780		2448500	582476	2448500	14069280			
2.2.3	旁路系统	8056000		124571	11745	124571	8180571			
2.2.4	除氧给水装置			332982	78434	332982	332982			
2.2.5	蒸汽轮发电机组其他辅机	6867740	173384	354678	76381	528062	7395802			
3	汽水管道	0	25990362	12019980	1653773	38010342	38010342			

续表

序号	工程或费用名称	设备购置费	安装工程费				合计	技术经济指标		
			装置性材料费	安装费	其中：人工费	小计		单位	数量	指标
3.1	主蒸汽、再热蒸汽及给水管道	0	13492512	3308748	222091	16801260	16801260			
3.1.1	主蒸汽管道		6098034	1122295	58405	7220329	7220329			
3.1.2	热再热蒸汽管道		5030215	923479	42326	5953694	5953694			
3.1.3	冷再热蒸汽管道		1266323	691596	64643	1957919	1957919			
3.1.4	给水管道		1097940	571378	56717	1669318	1669318			
3.2	中、低压汽水管道	0	12497850	8711232	1431682	21209082	21209082			
3.2.1	辅助蒸汽管道		405194	239670	36959	644864	644864			
3.2.2	中、低压水管道		6894334	5386014	934141	12280348	12280348			
3.2.3	主厂房循环水（直流水冷却、二次循环水冷却、间接空气冷却）		4489242	2637847	405389	7127089	7127089			
3.2.4	蒸汽管道临时吹洗管道		709080	447701	55193	1156781	1156781			
4	热网系统	8056000	2870020	1260132	166430	4130152	12186152			
4.1	热网设备	8056000		137542	32031	137542	8193542			
4.2	热网管道	0	2870020	1122590	134399	3992610	3992610			
4.2.1	厂房内热网管道		1839915	591352	53989	2431267	2431267			
4.2.2	厂区热网管道		1030105	531238	80410	1561343	1561343			
5	保温油漆		3846755	5620507	1040383	9467262	9467262			
6	调试工程	0	0	6115688	1870044	6115688	6115688			

续表

序号	工程或费用名称	设备购置费	安装工程费				合计	技术经济指标		
			装置性材料费	安装费	其中：人工费	小计		单位	数量	指标
6.1	分系统调试			1799266	632520	1799266	1799266			
6.2	整套启动调试			1937269	631052	1937269	1937269			
6.3	特殊调试			2379153	606472	2379153	2379153			
（二）	燃料供应系统	15105000	869653	894076	156868	1763729	16868729			
1	燃气供应系统	15105000	869653	894076	156868	1763729	16868729			
1.1	增（调）压站设备	15105000		272764	47237	272764	15377764			
1.2	管道	0	869653	621312	109631	1490965	1490965			
1.2.1	增压站管道		869653	621312	109631	1490965	1490965			
（三）	水处理系统	38678870	4977662	7067231	1515116	12044893	50723763			
1	锅炉补充水处理系统	31116300	2752645	3286936	619336	6039581	37155881			
1.1	设备	31116300		1360720	265925	1360720	32477020			
1.2	管道		2752645	1926216	353411	4678861	4678861			
2	凝结水精处理系统	1510500	114907	103013	19210	217920	1728420			
2.1	设备	1510500		7926	2289	7926	1518426			
2.2	管道		114907	95087	16921	209994	209994			
3	循环水处理系统	553850	54410	153877	37047	208287	762137			
3.1	加酸系统	553850	54410	153877	37047	208287	762137			
3.1.1	设备	553850		67745	16683	67745	621595			

续表

序号	工程或费用名称	设备购置费	安装工程费				合计	技术经济指标		
			装置性材料费	安装费	其中：人工费	小计		单位	数量	指标
3.1.2	管道		54410	86132	20364	140542	140542			
4	给水炉水校正处理	5437800	453560	1225401	266317	1678961	7116761			
4.1	炉内磷酸盐处理系统	704900	125329	158231	32582	283560	988460			
4.1.1	设备	704900		34838	10059	34838	739738			
4.1.2	管道		125329	123393	22523	248722	248722			
4.2	给水加药处理系统	704900	125329	158231	32582	283560	988460			
4.2.1	设备	704900		34838	10059	34838	739738			
4.2.2	管道		125329	123393	22523	248722	248722			
4.3	汽水取样系统	4028000	202902	908939	201153	1111841	5139841			
4.3.1	设备	4028000		10512	2289	10512	4038512			
4.3.2	管道		202902	898427	198864	1101329	1101329			
5	厂区管道		1270382	811683	145756	2082065	2082065			
6	保温油漆		307032	364726	57702	671758	671758			
7	循环排污水处理系统	60420	24726	15856	2963	40582	101002			
7.1	设备	60420		2820	858	2820	63240			
7.2	管道		24726	13036	2105	37762	37762			
8	调试工程	0	0	1105739	366785	1105739	1105739			
8.1	分系统调试			604738	191047	604738	604738			

续表

序号	工程或费用名称	设备购置费	安装工程费				合计	技术经济指标		
			装置性材料费	安装费	其中：人工费	小计		单位	数量	指标
8.2	整套启动调试			501001	175738	501001	501001			
（四）	供水系统	31866515	11124234	5914706	735173	17038940	48905455			
1	凝汽器冷却系统（二次循环冷却系统）	31866515	10724234	4006736	452639	14730970	46597485			
1.1	循环水泵房	8202015	4791161	1596298	158902	6387459	14589474			
1.1.1	设备	8202015	1373662	508684	55212	1882346	10084361			
1.1.2	管道		3417499	1087614	103690	4505113	4505113			
1.2	循环水管道		4668340	1643034	180955	6311374	6311374			
1.3	厂区工业水管道		1264733	587728	90147	1852461	1852461			
1.4	机力冷却塔设备	23664500		179676	22635	179676	23844176			
2	供水系统防腐		400000	1907970	282534	2307970	2307970			
（五）	电气系统	147873319	40747294	30681714	5451390	71429008	219302327			
1	发电机电气与引出线	12817096	6029203	2768014	305772	8797217	21614313			
1.1	发电机电气与出线间	1740096	988809	904641	139078	1893450	3633546			
1.2	发电机出口断路器	11077000		25882	6263	25882	11102882			
1.3	发电机引出线		5040394	1837491	160431	6877885	6877885			
2	主变压器系统	55938850	16994	1013453	130740	1030447	56969297			
2.1	主变压器	44509400	16994	795178	97631	812172	45321572			

续表

序号	工程或费用名称	设备购置费	安装工程费				合计	技术经济指标		
			装置性材料费	安装费	其中：人工费	小计		单位	数量	指标
2.2	厂用高压变压器	11429450		218275	33109	218275	11647725			
3	配电装置	15979076	8325000	3113711	230670	11438711	27417787			
3.1	屋内配电装置	15979076	1350000	966449	130825	2316449	18295525			
3.2	主变压器、启动 / 备用变压器至升压站联络线		6975000	2147262	99845	9122262	9122262			
4	主控及直流系统	29072090	50000	1062438	275467	1112438	30184528			
4.1	集控楼（室）设备	10875600	50000	506732	135235	556732	11432332			
4.1.1	各种屏、台盘等	10875600	50000	506732	135235	556732	11432332			
4.2	继电器楼设备	12335750	0	428507	114448	428507	12764257			
4.2.1	网络监控系统	3021000		54236	13799	54236	3075236			
4.2.2	各种屏、台盘等	1127840		49942	12706	49942	1177782			
4.2.3	系统继电保护	1470220		102017	27945	102017	1572237			
4.2.4	系统调度自动化	6716690		222312	59998	222312	6939002			
4.3	直流系统	5860740		127199	25784	127199	5987939			
5	厂用电系统	30617332	2432119	3074419	614651	5506538	36123870			
5.1	主厂房厂用电系统	21320204	1284840	1770635	349230	3055475	24375679			
5.1.1	高压厂用母线		1284840	505469	53096	1790309	1790309			
5.1.2	高压配电装置	7250400		415971	88197	415971	7666371			

续表

序号	工程或费用名称	设备购置费	安装工程费				合计	技术经济指标		
			装置性材料费	安装费	其中：人工费	小计		单位	数量	指标
5.1.3	低压配电装置	8937125		714063	174463	714063	9651188			
5.1.4	低压厂用变压器	1570920		27897	6829	27897	1598817			
5.1.5	机炉车间电气设备	468255		78033	18392	78033	546288			
5.1.6	高压变频装置	3093504		29202	8253	29202	3122706			
5.2	主厂房外车间厂用电	3660445	0	281700	67387	281700	3942145			
5.2.1	水处理系统厂用电	2381555		140697	33260	140697	2522252			
5.2.2	附属生产工程厂用电	1278890		141003	34127	141003	1419893			
5.3	事故保安电源装置	3625200		114366	33135	114366	3739566			
5.4	不停电电源装置	1711900		24339	5330	24339	1736239			
5.5	全厂行车滑线	105735	96600	279239	71944	375839	481574			
5.6	设备及构筑物照明	193848	1050679	604140	87625	1654819	1848667			
5.6.1	余热锅炉本体照明	183274	342000	252667	46751	594667	777941			
5.6.2	厂区道路广场照明	10574	708679	351473	40874	1060152	1070726			
6	电缆及接地	0	23807241	15107040	2618545	38914281	38914281			
6.1	电缆	0	17491372	9515678	1628616	27007050	27007050			
6.1.1	电力电缆		13259472	5253653	639778	18513125	18513125			
6.1.2	控制电缆		4231900	4262025	988838	8493925	8493925			
6.2	支架、桥架		4794266	3932184	721825	8726450	8726450			

续表

序号	工程或费用名称	设备购置费	安装工程费				合计	技术经济指标		
			装置性材料费	安装费	其中：人工费	小计		单位	数量	指标
6.3	电缆保护管		225227	45202		270429	270429			
6.4	电缆防火		947089	1065487	110753	2012576	2012576			
6.5	全厂接地	0	349287	548489	157351	897776	897776			
6.5.1	接地		289287	455665	131981	744952	744952			
6.5.2	阴极保护		60000	92824	25370	152824	152824			
7	厂内通信系统	3448875	86737	341273	63318	428010	3876885			
7.1	行政与调度通信系统	459696		4101	1241	4101	463797			
7.2	电厂区域通信线路		37737	101093	25734	138830	138830			
7.3	系统通信	2989179	49000	236079	36343	285079	3274258			
8	调试工程	0	0	4201366	1212227	4201366	4201366			
8.1	分系统调试			2163005	751236	2163005	2163005			
8.2	整套启动调试			912506	293961	912506	912506			
8.3	特殊调试			1125855	167030	1125855	1125855			
（六）	热工控制系统	77557630	8431731	14571602	3828637	23003333	100560963			
1	燃气轮机控制系统			83496	22946	83496	83496			
2	联合循环控制系统	72141480	0	4128350	1223639	4128350	76269830			
2.1	厂级监控系统	3021000				0	3021000			
2.2	分散控制系统	8700480		3204752	946080	3204752	11905232			

续表

序号	工程或费用名称	设备购置费	安装工程费				合计	技术经济指标		
			装置性材料费	安装费	其中：人工费	小计		单位	数量	指标
2.3	管理信息系统	8056000				0	8056000			
2.4	全厂闭路电视及门禁系统	18126000		923598	277559	923598	19049598			
2.5	仿真系统	4028000				0	4028000			
2.6	智慧电厂	30210000				0	30210000			
3	机组控制	4660900	1200000	952200	135444	2152200	6813100			
3.1	机组成套控制装置		1200000	772445	91810	1972445	1972445			
3.2	现场仪表及执行机构	3956000				0	3956000			
3.3	电动控制保护屏柜	704900		179755	43634	179755	884655			
4	辅助车间控制系统及仪表	755250	0	108011	29593	108011	863261			
4.1	辅助车间自动控制装置	151050		64698	19068	64698	215748			
4.2	现场仪表及执行机构	402800				0	402800			
4.3	电动门控制保护屏柜	201400		43313	10525	43313	244713			
5	电缆及辅助设施	0	7231731	6049618	1274053	13281349	13281349			
5.1	电缆		3518806	3573757	828054	7092563	7092563			
5.2	支架、桥架		887331	735477	128698	1622808	1622808			
5.3	电缆保护管		350144	70271		420415	420415			
5.4	电缆防火		238580	213345	23364	451925	451925			
5.5	其他材料		2236870	1456768	293937	3693638	3693638			

续表

序号	工程或费用名称	设备购置费	安装工程费				合计	技术经济指标		
			装置性材料费	安装费	其中：人工费	小计		单位	数量	指标
6	调试工程	0	0	3249927	1142962	3249927	3249927			
6.1	分系统调试			2303898	808811	2303898	2303898			
6.2	整套启动调试			946029	334151	946029	946029			
（七）	脱硝系统	18160210	959295	3322734	836749	4282029	22442239			
1	工艺系统	18130000	611601	2128005	471843	2739606	20869606			
1.1	SCR 反应器	18130000	246250	1119015	246304	1365265	19495265			
1.2	催化剂			43337	10571	43337	43337			
1.3	氨制备供应系统		300000	189593	31532	489593	489593			
1.4	氨喷射系统			693623	163249	693623	693623			
1.5	保温、防腐、油漆		65351	82437	20187	147788	147788			
2	电气系统	0	208311	183089	37389	391400	391400			
2.1	厂用电系统			15599	3307	15599	15599			
2.2	电缆		73400	30246	3789	103646	103646			
2.3	接地及其他		134911	137244	30293	272155	272155			
3	热工控制系统	30210	139383	116920	25861	256303	286513			
3.1	脱硝热工控制	30210		12940	3814	12940	43150			
3.2	热控电缆		65552	83075	20259	148627	148627			
3.3	其他		73831	20905	1788	94736	94736			

续表

序号	工程或费用名称	设备购置费	安装工程费				合计	技术经济指标		
			装置性材料费	安装费	其中：人工费	小计		单位	数量	指标
4	调试工程	0	0	894720	301656	894720	894720			
4.1	分系统调试			761014	263024	761014	761014			
4.2	整套启动调试			133706	38632	133706	133706			
（八）	附属生产工程	18113916	4129580	3325718	626246	7455298	25569214			
1	辅助生产工程	8831390	2639315	2535775	497272	5175090	14006480			
1.1	空压机站	2567850	1907006	1176969	202445	3083975	5651825			
1.1.1	设备	2567850	9827	116424	31922	126251	2694101			
1.1.2	管道		1897179	1060545	170523	2957724	2957724			
1.2	供氢站	1007000	83651	148765	18188	232416	1239416			
1.2.1	设备	1007000		74892	4830	74892	1081892			
1.2.2	管道		83651	73873	13358	157524	157524			
1.3	车间检修设备	725040	37525	122489	33338	160014	885054			
1.4	启动锅炉房	4531500	611133	1087552	243301	1698685	6230185	元 / 台（炉）	1	6230185
1.4.1	锅炉本体及辅助设备	4531500		584039	120959	584039	5115539	元 / 台（炉）	1	5115539
1.4.2	烟风油（气）管道		120108	98975	20189	219083	219083	元 /t	15	14606
1.4.3	汽水管道		187298	98157	20035	285455	285455	元 /t	15	19030
1.4.4	保温油漆		303727	306381	82118	610108	610108	元 /m^3	300	2034

续表

序号	工程或费用名称	设备购置费	安装工程费				合计	技术经济指标		
			装置性材料费	安装费	其中：人工费	小计		单位	数量	指标
2	附属生产安装工程	2920300	0	0	0	0	2920300			
2.1	试验室设备	2920300	0	0	0	0	2920300			
2.1.1	化学试验室	805600				0	805600			
2.1.2	热工试验室	1007000				0	1007000			
2.1.3	环保试验室	503500				0	503500			
2.1.4	劳保监测站、安全教育室	604200				0	604200			
3	环境保护与监测装置	3109616	641272	492337	94423	1133609	4243225			
3.1	机组排水槽	390716	70642	61841	13259	132483	523199			
3.2	含油污水处理	100700	360459	200397	33458	560856	661556			
3.3	工业废水处理	201400	210171	144223	25054	354394	555794			
3.4	生活污水处理	201400		3578	1068	3578	204978			
3.5	烟气连续监测系统	2215400		82298	21584	82298	2297698			
4	消防系统	1711900	0	0	0	0	1711900			
4.1	消防车	1711900				0	1711900			
5	雨水泵房	1540710	848993	297606	34551	1146599	2687309			
二	与厂址有关的单项工程	6833502	12193550	8110451	1402237	20304001	27137503			
（一）	水质净化工程	6092350	469173	290830	46630	760003	6852353			
1	水质净化系统	6092350	469173	290830	46630	760003	6852353			

续表

序号	工程或费用名称	设备购置费	安装工程费				合计	技术经济指标		
			装置性材料费	安装费	其中：人工费	小计		单位	数量	指标
1.1	净化站内机械设备	6092350	469173	290830	46630	760003	6852353			
1.1.1	设备	6092350		117898	27279	117898	6210248			
1.1.2	管道		469173	172932	19351	642105	642105			
（二）	补给水工程	741152	11724377	7819621	1355607	19543998	20285150			
1	补给水系统	741152	11724377	7819621	1355607	19543998	20285150			
1.1	补给水取水泵房	741152	393243	132679	23718	525922	1267074			
1.1.1	设备	741152	4828	58605	15081	63433	804585			
1.1.2	管道		388415	74074	8637	462489	462489	元 /t	20	23124
1.2	补给水输送管道		11331134	3926769	743316	15257903	15257903	元 /m	14900	1024
1.3	防腐			3760173	588573	3760173	3760173			
	合计	1224450372	120149261	133848134	25753676	253997395	1478447767			

表 E.4　2×400MW 等级燃气机组（9F）其他费用概算表

单位：元

序号	工程或费用名称	编制依据及计算说明	合价
（一）	建设场地征用及清理费		50401400
1	土地征用费		49191000
1.1	厂区围墙内用地费	$9.17hm^2$ × 15 亩 /hm^2 × 310000 元 / 亩	42640500
1.2	厂外道路用地费	$0.15hm^2$ × 15 亩 /hm^2 × 310000 元 / 亩	697500
1.3	厂外工程管线用地费	$0.1hm^2$ × 15 亩 /hm^2 × 310000 元 / 亩	465000
1.4	水源地用地费	$0.1hm^2$ × 15 亩 /hm^2 × 310000 元 / 亩	465000
1.5	边坡用地费	$1hm^2$ × 15 亩 /hm^2 × 310000 元 / 亩	4650000
1.6	临时用地及征地报批服务费用等		273000
2	余物清理费	拆除一期供氢站 $200m^2$、拆除一期电缆沟 10m、拆除雨水排水沟 200m	1000000
3	水土保持补偿费	（$9.17hm^2+0.15hm^2+0.1hm^2+0.1hm^2+1hm^2$）× 20000 元 /$hm^2$	210400
（二）	项目建设管理费		52045012
1	项目法人管理费	（建筑工程费 + 建筑基准期价差 + 安装工程费 + 安装基准期价差）× 5.05%	31828077
2	招标费	（建筑工程费 + 建筑基准期价差 + 安装工程费 + 安装基准期价差 + 设备购置费）× 0.32%	5935057
3	工程监理费	（建筑工程费 + 建筑基准期价差 + 安装工程费 + 安装基准期价差）× 0.95%	5987460
4	设备材料监造费	（设备购置费 + 甲供主材费含税 + 乙供主材费不含税）× 0.2%	2694230
5	施工过程造价咨询及竣工结算审核费	（建筑工程费 + 建筑基准期价差 + 安装工程费 + 安装基准期价差）× 0.3%	1890777
6	工程保险费	（建筑工程费 + 建筑基准期价差 + 安装工程费 + 安装基准期价差 + 设备购置费）× 0.2%	3709411

续表

序号	工程或费用名称	编制依据及计算说明	合价
（三）	项目建设技术服务费		74729113
1	项目前期工作费	（建筑工程费 + 建筑基准期价差 + 安装工程费 + 安装基准期价差）×4.13%	26029695
2	设备成套技术服务费	设备购置费 ×0.3%	3673339
3	勘察设计费		34270131
3.1	勘察费		4680000
3.2	设计费		29590131
3.2.1	基本设计费		26900119
3.2.2	施工图预算编制费	26900119×0.1	2690012
4	设计文件评审费		1503502
4.1	可行性研究文件评审费		300000
4.2	初步设计文件评审费		800000
4.3	施工图文件评审费	26900119×0.015	403502
5	项目后评价费	（建筑工程费 + 建筑基准期价差 + 安装工程费 + 安装基准期价差）×0.26%	1638673
6	工程建设检测费		6983514
6.1	电力工程质量检测费	（建筑工程费 + 建筑基准期价差 + 安装工程费 + 安装基准期价差）×0.16%	1008414
6.2	特种设备安全监测费	468900×2×1.7	1594260
6.3	环境监测及环境保护验收费	工程所在地规定	600000
6.4	水土保持监测及验收费	工程所在地规定	800000
6.5	桩基检测费		2980840

续表

序号	工程或费用名称	编制依据及计算说明	合价
7	电力工程技术经济标准编制费	（建筑工程费 + 建筑基准期价差 + 安装工程费 + 安装基准期价差）×0.1%	630259
（四）	整套启动试运费		73963600
1	燃气 – 蒸汽联合循环电厂		73692712
1.1	燃料费	468900kW×2 台 ×216h×0.1778m^3/kWh×3.55 元 /m^3×1.05	134249720
1.2	其他材料费	468.900MW×2 台 ×750 元 /MW	703350
1.3	厂用电费	468900kW×2 台 ×1.63%×72h×0.5969 元 /kWh	656949
1.4	售出电价	–468900kW×2 台 ×0.75×168h×0.655 元 /kWh×0.8	–61917307
2	脱硝装置		270888
2.1	尿素材料费	2×0.08t/h×168h×3100 元 /t	83328
2.2	脱硝其他材料费	468.900MW×2 台 ×200 元 /MW	187560
（五）	生产准备费		21162074
1	管理车辆购置费	设备购置费 ×0.39%	4775341
2	工器具及办公家具购置费	（建筑工程费 + 建筑基准期价差 + 安装工程费 + 安装基准期价差）×0.27%	1701699
3	生产职工培训及提前进厂费	（建筑工程费 + 建筑基准期价差 + 安装工程费 + 安装基准期价差）×2.33%	14685034
（六）	大件运输措施费		3000000
	合计		275301199